❶銀座4丁目のビル街でさえずるイソヒヨドリ（円内）。イソヒヨドリにとってコンクリートのビル街は海岸の岩場の代替環境といってよいだろう

口絵1　東京銀座のイソヒヨドリ

→16頁

海岸の磯《いそ》に暮らすイソヒヨドリが、東京銀座《ぎんざ》のビル街にも進出してきた。屋上では養蜂《ようほう》が行われており、イソヒヨドリはミツバチを食事のメニューに加えるようになった。

❷銀座・紙パルプ会館屋上（11階）での養蜂。おびただしい数のミツバチが飛び立っていく

❸養蜂の際に廃棄されたミツバチの幼虫を食べるイソヒヨドリ

❹ミツバチに刺されないよう腹部の針を除去するイソヒヨドリ（埼玉県越谷市）（細川章司撮影）

❶ユスリカを食べるジョウビタキをスマホで撮影する人。鳥との距離は約１m

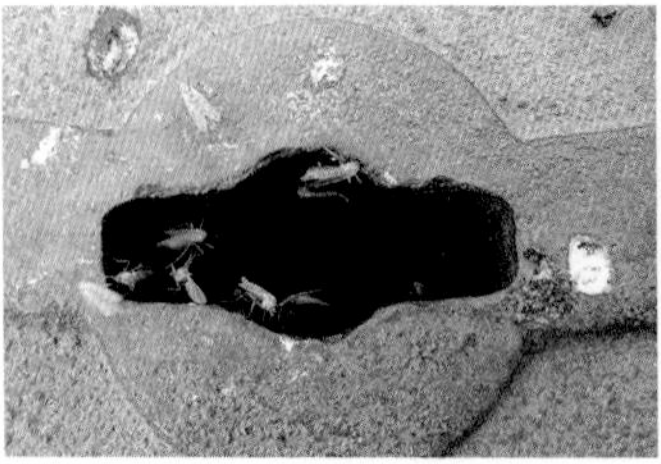

❷マンホールから飛び出てくるユスリカ

口絵２　マンホールは鳥たちのレストラン　→13頁

人にとっては下水処理のマンホールだが、餌《えさ》不足の冬の小鳥たちにとっては高級レストランである。鳥たちのお目当ては大量に発生するユスリカ。夢中で食べるあまり、人が近づいても見向きもしない。

❸藪の中で暮らすウグイスもユスリカを食べにやってくる

❹穴に頭を入れてユスリカを捕らえるメジロ

❺ユスリカをキャッチするジョウビタキ（♀）

口絵3　ツバメの見事な離れ業
――ハチを脅して獲物を奪う

→36頁

捕らえたバッタを巣に運ぶハチを、ツバメが後方から脅す。ハチが手放したところを横取りする。これならハチに刺されずに獲物を奪うことができる（田仲義弘撮影）。

❶ツバメは翼や尾羽を広げて後方から襲う。びっくりしたハチⒶがバッタⒷを手放す

❷落下するバッタⒷをツバメがキャッチ。わずか10分の１秒の早業である

❸捕らえたバッタを抱えて巣に運ぶハチ（キアシハナダカバチモドキ。体長23mm）

口絵4　ツバメの巣立ち雛による「労働寄生」　→68頁

巣立ったツバメの雛《ひな》は、他の巣に潜り込んで餌をもらうことがある。これを労働寄生という。

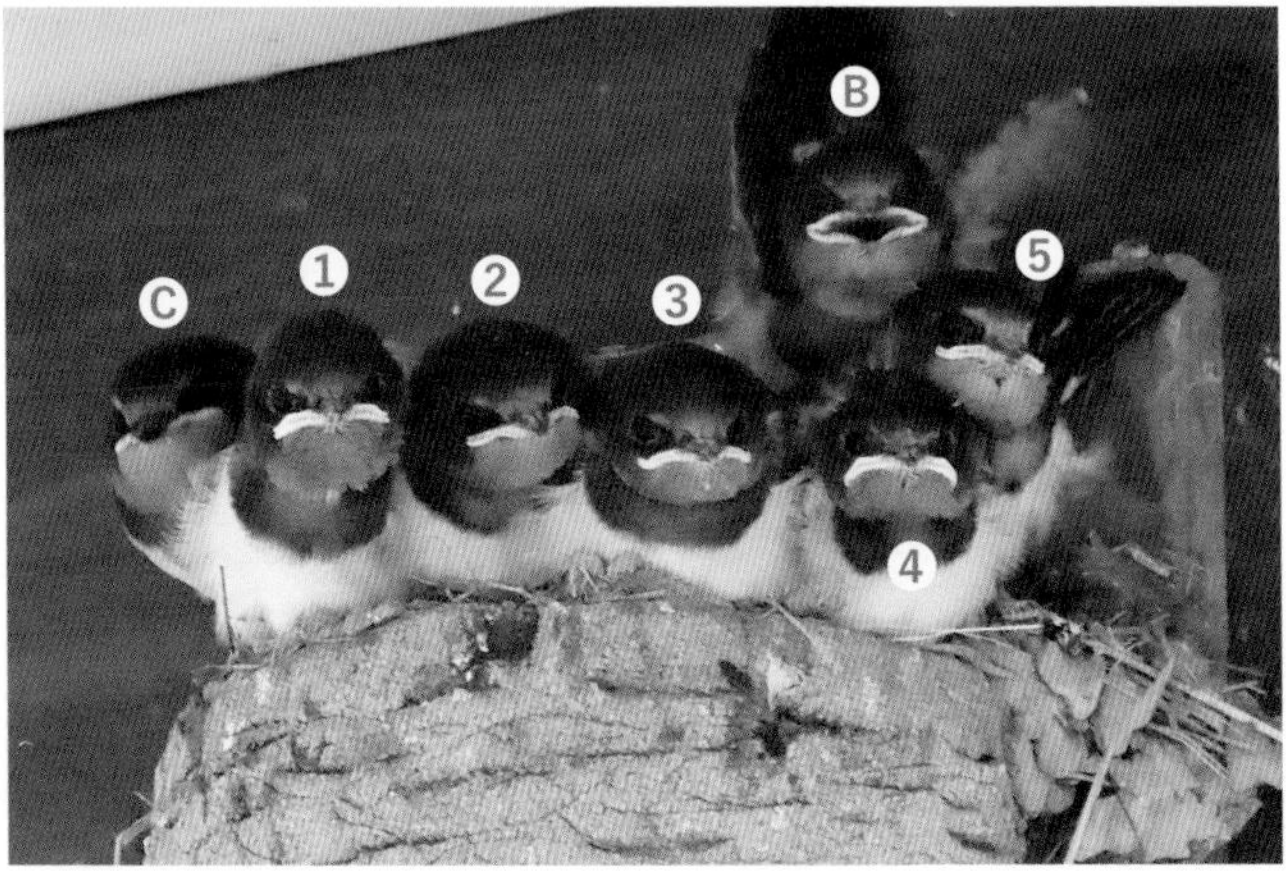

❶ 5羽の雛（①番～⑤番）がいる巣に、他の巣の雛Ⓑ、雛Ⓒが加わり7羽になった。雛Ⓑも雛Ⓒもこの巣の親ツバメから給餌を受けた（越川重治撮影）

❷巣立った雛に給餌する親鳥（円内）。雛が万一迷子になっても、他の親への労働寄生によって生き延びられる可能性がある（石井秀夫撮影）

❶多摩川のヨシ原で集団ねぐらをとる数千羽のツバメ（渡辺仁撮影）

口絵5　数千～数万羽で夜を過ごすツバメたち →44頁

繁殖を終えたツバメは、数千～数万羽が河川敷のヨシ原などに集まり集団で夜を過ごす習性がある。

❷中央高速談合坂SAのケヤキにねぐら入りするツバメの大群

❸小枝に止まりねぐら入りしたツバメたち

❶埼玉県比企丘陵のハチクマの巣で繁殖するスズメ（内田博撮影）

口絵6　人里離れた畑や林で繁殖するスズメ　→114頁

スズメが人里離れた猛禽類《もうきんるい》の巣やキャベツ畑の作業場、あるいは樹木の枝などで繁殖することがある。スズメが歩んできた進化の道を彷彿《ほうふつ》とさせる行動として注目されている。

❷標高1000mの高原キャベツの集荷場で集団繁殖するスズメ（群馬県嬬恋村）（→118頁）

❸集荷場に出入りするスズメ

❹キンモクセイの枝に営巣したスズメ（千葉県・JR岩井駅）

❶冬季に江戸川の堤防で混群を作って採餌するスズメとムクドリ。種子や昆虫を食べ、共通の天敵に素早く反応して飛び立つことができる

口絵7　厳しい冬を混群で乗り越える　→92頁

スズメの群れの中にムクドリやドバトなどが混じることがある。これを混群という。混群は餌の乏しい冬に多くみられ、共通する食物を探し、共通の天敵を警戒するのに役立っている。

❷江戸川の土手に上り、一緒に雑草を食べるヒドリガモとオオバンの混群。ここにハクセキレイやツグミが混じることもある。危険が迫ると、種類ごとに分かれて飛び立っていく

❸周囲を警戒しながら飲水するツグミとヒヨドリの混群（冬の日比谷公園・雲形池）

❶カワセミが繁殖している練馬区内の都市河川。フェンスのすぐ下の2ヵ所の水抜き（矢印）に出入りしている（古屋真撮影）

❷水抜きで繁殖するカワセミ（古屋真撮影）

口絵8　都市河川で繁殖するカワセミ →142頁

都心を流れる三面コンクリートの河川でカワセミが繁殖している。人慣れし、金魚を捕食し、都市に適応しようとする姿が垣《かい》間《ま》見《み》られる。

❸農業用水の水抜きで繁殖を開始したカワセミ。その後、田植えのために通水して水位が上昇、巣穴が水没してしまった（細川章司撮影）

❹金魚を捕らえたカワセミ（横浜市菊名池公園）（越川耕一撮影）

❶越冬中のホシハジロやオオバンを襲うオオタカ。水鳥たちは群れることによってオオタカに的を絞らせない（田仲義弘撮影）

口絵9　都市公園で繁殖するカイツブリ　→140頁

カイツブリは水面に「浮巣」を作って繁殖する。身を隠す場のない水面は危険と背中合わせ。危険を防ぐカイツブリの賢い行動が見られる。

❷巣を離れるとき、卵に落葉や水草をかけてカムフラージュする

❸雛が小さいときは親鳥の背に乗って移動する

❹天敵が近づきにくいボートや岸辺の近くで繁殖する（円内）

❶上空から急降下し、コアジサシの雛を捕らえたチョウゲンボウ（早川雅晴撮影）

口絵10 屋上で集団繁殖するコアジサシ →148頁

森《もり》ヶ《が》崎《さき》水再生センター（大田《おおた》区）の屋上では、砂利や貝殻などを敷きコアジサシのコロニーを保護している。卵や雛を狙《ねら》うカラスや猛禽類に親鳥が必死に立ち向かい、それを支援する人々が活動している。

❷抱卵中のコアジサシを覆って天敵から守る

❹親鳥は貝殻を集め、２個の卵（矢印）をカムフラージュしている

❸雛が天敵から身を隠すためのシェルター

❶夜間は立ち入り禁止の緑地（豊島ケ岡墓地）にねぐら入りするカラス（背景の高層ビル群は新宿副都心）

口絵11 カラスの様々な集団ねぐら →170頁

東京では、カラスは夜間の立ち入りが禁止されている緑地（緑島）で「集団ねぐら」をとる。ところが金沢市では歩道上の電線で、長野県ではJR駅構内の架線でねぐらをとるカラスが見つかった。地域によって集団ねぐらの場所は様々である。

❷金沢市の中心街の電線で夜を過ごす約400羽のハシブトガラス（2004年2月21日撮影）

❸長野県のJR明科駅構内で夜を過ごすハシボソガラス（2007年3月9日撮影）

❶信号が赤になると、４～５羽が群がって割れたクルミの破片をついばむ

口絵12 ハシボソガラスの集団クルミ割り行動 →181頁

長野県諏訪湖《すわこ》湖畔では、ハシボソガラスの群れがクルミを道路に置き、車に割らせて食べている。群れを通してクルミ割り行動がカラス個体群全体に広がっている。

❷路上でクルミの破片を食べるハシボソガラスの群れ

❸土手に貯食したクルミを取り出して道路に運ぶハシボソガラス

❹電線には15～16羽のハシボソガラスが止まり、路上に置いたクルミが割れるのを見下ろしている

❶新宿副都心の超高層ビルの外壁に止まるハヤブサ（円内）

口絵13　超高層ビルを住処《すみか》にするハヤブサ　→202頁

岩場で繁殖していたハヤブサが都心の高層ビルに進出し、繁殖するようになった。ニューヨークやロンドン、そして東京や金沢も、ハヤブサにとっては第二の故郷になりつつある。

❷地上100mを超える高所から時速200km近いスピードで急降下して獲物を襲うハヤブサ。両翼を閉じるとさらに加速する

❸レース鳩を仕留めたハヤブサ（市川市・江戸川河川敷）

❹チョウゲンボウ（ハヤブサの仲間）。空中でホバリングして地上の獲物に狙いを定める

❶自然教育園のアカマツに営巣したオオタカ（2019年）。入園者は繁殖の様子をモニター画面で観察できる（自然教育園提供）

口絵14 モニター画面で見る自然教育園（港区）のオオタカ

→216頁

港《みなと》区にある国立科学博物館附属自然教育園では2017年から毎年オオタカが繁殖している。園では巣に監視カメラを設置し展示ホールで動画を公開。来園者は繁殖生態をリアルタイムで観察できる。

❷ドバトを千切って雛に与えるオオタカ（2022年5月12日6時42分）

❸深夜、オオタカを襲うアオダイショウ（円内）

❶孵化２日目の雛にメジロを千切って与えるツミ（♀）

口絵15　都心に進出した小さな猛禽「ツミ」　→220頁

2020年、コロナ禍で休校中の品川《しながわ》区立旗台《はたのだい》小学校で小型の猛禽ツミが繁殖した。３階の廊下や屋上から子育ての様子を手にとるように観察することができた。

❷ツミの巣（円内）は校舎と民家の間のわずかな緑地にある。周辺はマンションや民家が立ち並び商店街もある

❸親鳥が巣立った幼鳥のためにブロック塀の上に置いたメジロ（木所正明撮影）

❹アブラゼミを食べる幼鳥。幼鳥は捕らえやすいセミやコガネムシなどの昆虫を捕食する

❷石神井公園（練馬区）で観察したアオバズク

❶東京都心（山手線の内側）の緑地で観察されたフクロウのカップル（井上裕由撮影）

口絵16 夜の都会に進出したフクロウ →224頁

東京都心の森にはフクロウが生息し繁殖が期待されている。しかし、ライバルのカラスや猛禽類が多く、決して容易ではない。

❸明治神宮の森で休むオオコノハズク（円内）

❹カラスに襲われて保護されたオオコノハズク（都立水元公園）

中公新書 2759

唐沢孝一著

都会の鳥の生態学

カラス、ツバメ、スズメ、
水鳥、猛禽の栄枯盛衰

中央公論新社刊

はじめに

スズメやカラスは、誰もが知っている身近な鳥である。そんな平凡な鳥が実に面白く、奥深いことに気づいてから半世紀以上が過ぎてしまった。

身近な鳥の魅力はスズメやカラスに止《とど》まらない。ツバメやヒヨドリ、ムクドリ、ハクセキレイ、ワカケホンセイインコ、イソヒヨドリなど、どの鳥も興味深いものがある。都会に生息する鳥を「都市鳥《としちょう》」とネーミングし、観察情報を積み重ねてみると、都市を舞台に展開する野鳥どうしの様々な関係が見えてきた。

スズメはツバメの巣を横取りしようとする。両者は巣をめぐっては対立関係にあるが、天敵カラスに対しては共同してモビング（擬攻撃）して立ち向かう。さらにそこに、ムクドリやハクセキレイが加勢することもある。あたかも地域社会が団結して問題に取り組んでいるかのようである。

しかも、これらの鳥の生活は都市環境を舞台に繰り広げられ、人との関係なしには成立しない。都市鳥にとって人は最も重要な存在であり複雑でやっかいな相手である。時代により、地域により、あるいは宗教やイデオロギーによって、行動様式が異なり、変化し、人くらいつかみどころのない動物はいない。いつ、何をしでかすか予測がつきにくく不気味である。しかし、そんな人の生息環境に進出してきたのが都市鳥であり、都市鳥もまたしたたかな一面を持っている。身近な鳥の代表であるツバメといえども、一年の大半は都会を離れて野の鳥として暮らし、子育てのときのみ人をガードマン代わりに利用して人家で繁殖する。

生態学は「関係の学問」である。生物どうしの関係、生物と環境との関係を通して生物の生活を明らかにしようとする。人や国を、人間関係や国際関係から読み解こうとするのに似ている。都市鳥の生態もまた、都市という特殊な環境のもとで、「人と鳥」の相互作用を通して、時代と共に変化してきたといってよいだろう。戦争や食料難の時代、経済成長や飽食の時代、都市公害の時代、バブル経済とその崩壊、東京一極集中と超高層ビル群の出現、地球温暖化の時代、都会人の生活様式を一変させたコロナ禍の時代など、時代を画する大きな変化の影響を受けながら生き延びてきた。都会から消えた鳥もおれば、新たに都会に進出してきた帰化鳥やカモ類、猛禽類《もうきんるい》などもおり、都市鳥の主役は絶えず入れ代わり、栄枯盛衰を繰り返している。

本書は、筆者が、都会人と都市鳥の生活について、東京都心や千葉県市川《いちかわ》市を中心にして半世紀以上にわたって観察してきた資料をもとにまとめたものである。本書では都市鳥の核心となる「ツバメ」「スズメ」「都会の水鳥」「カラス」「猛禽類」の5本の柱を取り上げ、序章にあたるものとして、人と鳥の関係について「ソーシャルディスタンス」を加えた。また、本文とは別に、16テーマからなるカラー写真による「口絵」ページを設けた。「口絵を見て本文へ」、「本文を読んで口絵へ」と、往復しながら目を通していただければ幸いである。

目次

第1章

人と鳥のソーシャルディスタンス

1　人類と鳥類の出あい

人類の起源を遡る

公園で人から餌《えさ》をもらうスズメやドバト、軒下で子育てをするツバメ、生ゴミをあさるカラスなどは、よく見かける光景である。これらの鳥は、いったいいつ、どんなきっかけで人と出あい、人の暮らす街中で生活するようになったのだろうか。その出あいの歴史を際限なくたどっていくと、ついには人類の起源にまで遡《さかのぼ》っていくことになる。

人類は約500万年前にアフリカで猿人として誕生したといわれている。その特徴は直立二足歩行、道具の使用、大脳の大型化などである。その後、原人（180万年前）、旧人（50万～30万年前）、新人（ホモ・サピエンス、約20万年前）へと進化し今日に至ったというのが定説である。

ただ、篠田謙一《しのだけんいち》著『人類の起源』（中公新書、2022）によれば、人類の起源がいつなのかは、人類をどう定義するかによっても異なり、化石などの新しい証拠が発見されるたびに考え方が変わりうるものだという(1)。人類の祖先が現生のチンパンジーの祖先と分かれたのは、化石やDNAの証拠による知見によれば約700万年前だという。その後、200万年前には直立二足歩行、大脳の大型化などの人類の特徴を備えるようになり、30万～20万年前に最古の人類（ホモ・サピエンス）がアフリカで誕生。その後、6万年前以降にアフリカから世界各地に分散し今日に至っている。

一方、鳥類の祖先は恐竜であるといわれている。恐竜の活躍した中生代《ちゅうせいだい》白亜紀《はくあき》は1億４５００万～６６００万年前である。６６００万年前に大部分の恐竜が絶滅し、哺乳類《ほにゅうるい》の時代（新生代《しんせいだい》）を迎えたが、羽毛を持った恐竜の一部が生き残り、鳥類へと進化したというのだ。化石として残っている鳥類で古いものとしては４８００万年前のアマツバメがある。また、ゲノム分析によれば、走禽類《そうきんるい》（ダチョウやヒクイドリ）、キジ類、カモ類、コウノトリ類、ツル類などの比較的大型の鳥類が先行して出現し、その後に本書に登場するツバメ、スズメ、カラスなどのスズメ目《もく》の鳥が出現した。後発のスズメ目の特徴は「小型、美声、賢さ」であり、より進化した鳥類といわれている。ツバメは岩場的環境へ、スズメは草原的環境へ、カラスは森林や草原の環境へと適応し定着した。

当然ながら人類の出現は鳥類よりはるかに後である。人類が出現したであろう約７００万年前、鳥たちの目に新参者のヒトはどう映ったであろうか。あるいは誕生したばかりの人類は、空を飛び地上を走る鳥たちとどう向き合ったのだろうか。あくまでも想像の域を出ないのだが、鳥（恐鳥）が人を食べ、人もまた鳥を食物源の一つとして狩猟の対象にしたことであろう。同時に、人々は、大空を自在に飛翔《ひしょう》する鳥に畏敬《いけい》の念を抱き、現世と来世を行き来する特別な存在として崇《あが》めていたのではないだろうか。

鳥たちの中には、カラスのように、人が狩りをして得た獲物の死骸《しがい》や残り物にありつこうとするものも現れたであろう。今日でも、ワタリガラスはオオカミと共に行動しオオカミの獲物の食べ残しを食べ、オオカミもまたワタリガラスの行動から獲物の居場所を突き止めることが知られている。人類の狩猟採集生活に随伴して暮らす鳥として、カラスが現れたとしても不思議ではないだろう。

また、人々の暮らす住居に目をつけた鳥たちもいたであろう。住居周辺にはゴミ捨て場や墓地があり、トイレもある。ゴミ捨て場には食べ物の一部が混じり、年間を通して食べ物を入手できる。墓地の死骸も腐肉性動物の食物となり、トイレの糞《ふん》にはハエや糞虫《ふんちゅう》が集まった。花を植えれば虫や小鳥が吸蜜《きゅうみつ》のために飛来する。人家周辺は想像以上に多様な生物が生息するようになったことだろう。

しかも、火を使い、弓矢や槍《やり》などの道具を使用する人々の住居周辺は、猛獣や猛禽、ヘビなどの天敵は近づきにくい。そのことを学習した鳥や動物たちもいたであろう。インドの野生保護区では、夜になるとシカなどの草食動物が人の住んでいるビジターセンター周辺に集まってくるという。トラなどの捕食を避ける方法の一つとして人家周辺を選択したのである。

集落の形成から巨大都市へ

農耕が始まると、人が生産する作物はスズメやカラスにとって願ってもない食物源となった。人家周辺や田畑では米や麦、粟《あわ》や稗《ひえ》などのおこぼれが増え、鳥たちにとってますます魅力的な環境となった。人にとって「害鳥」の誕生である。鳥たちは人に追い払われながらも人との距離をはかりつつ人家やその周辺に定着した。このときに成立した人と鳥の関係は農村から都市へと引き継がれ、都市鳥の誕生へとつながった。

集落の形成に伴いツバメは人の住居で営巣し、人もツバメを受け入れた。人にとってツバメはイネの害虫を捕食する益鳥であり、ツバメにとって人は雛《ひな》や卵を捕食するカラスやヘビから守ってくれる保護者である。相互の利害がうまくかみあったのであろうと考えられる。

人と鳥との関係は多岐にわたる。一つには食料としての鳥類の品種改良である。マガモからアヒルを、セキショクヤケイからニワトリを改良し、人は肉や卵を入手した。また、人の言葉を話し色彩豊かなオウムやインコをはじめ、美声でさえずるヒバリやウグイスなどはペットとして飼育されるようになった。森に生息するフクロウやカラスは「神」として崇められ、ハヤブサやオオタカは鷹《たか》狩《が》りに、ハトは通信に利用されるようになった。

そして今日、鳥は食物やペット、信仰の対象としてのみならず、「野に生きている」だけで十分に価値ある存在となった。姿や生きざまを観察したり、撮影したりして楽しむバードウォッチングの流行である。多種多様な鳥類の存在そのものが人類にとってかけがえのない価値を有しているという生物多様性の時代を迎えた。都会にはこうした意識を持つ人が比較的多く暮らしている。それに対し海山の自然では、狩猟が行われ猛禽類も多数生息している。山野の自然よりも、都会のほうが安全で子育てしやすいといえるだろう。

一方、21世紀は都市の時代である。都市化は地球規模で進行しつつある。東京、ニューヨーク、ロンドンなどでは高層ビルが林立する巨大都市の出現を見た。都市には人口が集中し、あたかも巨大生命体のようにエネルギーを大量に消費し、不要物質を大量に廃棄している。人と物が目まぐるしく移動し新陳代謝が活性化する。こうした都市環境に最初に適応したのは、すでに農村で人に適応していたスズメやツバメ、カラスであった。さらにその後、様々な野鳥が都市環境に進出してくるようになった。

日本における都市進出の第一波は、1960〜70年代のキジバト・ヒヨドリ（1966年）であり、ハクセキレイ・イワツバメ（1970年代）、ユリカモメ（1974年、京都）などが続いた。第二波は、1980年代のチョウゲンボウ（首都圏）、コゲラ（1983年）、カルガモ（1983年、千代田《ちよだ》区大手町《おおてまち》）などの都市進出である。また、いったんは姿を消したカワセミが東京23区内へUターンをしたのもこの時期である。そして第三波は、2000年代の猛禽類の都市進出である。今やオオタカやハヤブサなどが都市で繁殖するようになったのである。

もう一つの流れは、外来鳥類の帰化である。中国大陸から持ち込まれたコジュケイ、ソウシチョウ、ガビチョウをはじめ、インドやスリランカなどからペットとして持ち込まれたワカケホンセイインコなどの野生化である。これらの鳥が在来の鳥の生態や生態系に与える影響については、残念ながら十分な研究がなされていない。また、西南諸島を経て日本列島を北上しつつあるシロガシラはいずれ都市鳥化する可能性があり、近縁種であるヒヨドリに与える影響が注目されている。

人とスズメの距離を測る

「人と鳥の関係」を知る方法の一つに、人と鳥との距離がある。人が鳥に接近したとき、危険を感じて飛び立つときの人と鳥までの距離を「フライトディスタンス（飛び立ち距離）」という。鳥が人をどう見ているかの一つの目安になる。

空地でスズメが雑草の種子をついばんでいるとする。そっと接近してその反応を観察してみよう。10mの距離では全く反応せず、3mまで近づいたところで一斉に飛び立ったとしよう。このときのフライトディスタンスは3mである。

では、スズメのフライトディスタンスは、いつでも、どこでも3mであろうか。そうとはいえない。普通に歩いて通りすぎるだけの人に対しては1～2mの距離でも飛び立たない。しかし、急に立ち止まったり、注目したりすると5～6mでも飛び立ってしまう。いつも同じ場所で給餌《きゅうじ》してくれる常連の人の手には乗るが、見知らぬ人には警戒して近づかない。成鳥と幼鳥でも反応が異なる。人の恐ろしさを体験していない幼鳥は、人との距離が近い傾向がある。

フライトディスタンスは鳥の種類ごとに決まった距離があるのではない。人と鳥の「関係」

［1］手のりのイエスズメ（ロンドン・セント・ジェームズ公園。1990年8月22日）

によって刻々と変化する。重要なことは、スズメは人を注意深く観察しており、「人との間合い」をとりながら暮らしている、ということである。

「ロンドンと東京」のスズメ

スズメは日本人をどう見ているのだろうか？　そんなことが気になったのは、都市鳥研究のためにロンドンを訪ねた1990年夏のことであった。

ロンドン中心部のセント・ジェームズ公園の一角で大勢の人が手を差し出している。いったい何をしているのだろうか。しばらくすると、スズメ（イエスズメ）が飛来し、手に乗って餌を食べはじめた［写真1］。人を恐れずに手に乗るなど1990年代の日本では考えられないことであった。

日本のスズメは人への警戒心が強く、人の姿を見ただけで飛び立ってしまう。ロンドンと東京ではなぜこうもスズメのフライトディスタンスが違うのだろうか。その背景には、スズメの人に対する信頼感の違いが見てとれた。ロンドンでは市民が野鳥を愛護し、スズメは人を信頼していたが、当時の日本では、スズメは害鳥として追い払われながら人家周辺で暮らしていた。

［2］上野不忍池の手のりスズメ（2016年7月6日）

日本の手のりスズメ

その後、日本のスズメでも人の手から餌を食べる事例が現れた。

1991年6月、横浜公園でスズメが手のりで餌を食べるというニュースが流れた。餌付《えづ》けによって徐々にスズメを安心させ、スズメとの距離を縮め、ついに手のりに成功したのである。[2] 日本のスズメも人の接し方によっては「手のり」になることが証明された。

2004年10月、上野《うえの》不忍池《しのばずのいけ》のほとりで手のりスズメを観察した。年配の男性が立ち止まり、そっと手を差し出す。池のほとりの木の枝に止まっていた数十羽のスズメが、一斉に舞い降りて手に乗って餌を食べる［写真2］。フライトディスタンスは0mである。不忍池におけるスズメと人の関係は、ロンドンの公園で見た光景と重なりあってくる。

なお、ロンドンのイエスズメは、最近は公園から姿を消してしまい、手のりスズメは観察できないという。

キジバトの都市進出

キジバトは、「デデーポポー」と鳴き、ヤマバトとも呼ばれている。今日では最も身近な都市鳥の一種であり、人との関係は時代と共に変化してきた。

江戸が東京に変わった明治初期、東京市中ではキジバトが至るところに生息し、人への警戒心は低かった[3]。江戸時代は、将軍や大名の鷹狩りのために鳥獣保護が徹底しており、明治初期にはまだ鳥たちは人を恐れなかったようである。

やがて銃の規制が撤廃され庶民が狩猟をするようになった。また、戦中戦後の食料難の時代には、野鳥は食用として空気銃やかすみ網によって捕獲された。多くの野鳥が人から遠ざかり街中から姿を消していった。

［3］筆者の勤務先（都立両国高校・墨田区）で繁殖したキジバト（1978年５月13日）

１９５５年ころまで、東京都心ではキジバトは繁殖していなかった。23区内に進出して話題になったのは1960年ころの杉並《すぎなみ》区であった。1970年代には渋谷《しぶや》区や新宿《しんじゅく》区で、1978年には墨田《すみだ》区で繁殖が確認された［写真3］。

戦中戦後に都心から姿を消したキジバトが再び戻ってきた。その背景には、戦後の食料難から解放されたこと、空気銃やカスミ網などの使用や所有が規制されたこと、日本野鳥の会や日本鳥類保護連盟などによる野鳥保護思想の普及などが影響したと考えられる。「野の鳥は野で観察する」というバードウォッチングが普及した成果でもあろう。

こうした世相の変化に呼応するように、キジバトは人とのフライトディスタンスを縮め、都市に戻ってきたのである。

都市に進出したヒヨドリ

ヒヨドリは、「ピーヨ、ピーヨ」と甲高い声で鳴き、全身が灰褐色の地味な色彩である。今日では最も身近な都市鳥として公園や民家の庭木などで繁殖している。ところが、1960～70年ころまでは都心では秋～冬に飛来する冬鳥であり、春になると山地に戻って繁殖していた。都心でヒヨドリの繁殖が確認されたのは1968年ころであり、1973年には都内のほぼ全域で繁殖するようになった。わずか数年で都市進出を果たしたのである。

しかも、ヒヨドリが繁殖したのは、明治神宮や皇居などの樹木の多い緑地ではなく、人や車の行き交う街路樹や街中の小さな公園、人家の玄関先などの樹木であった。あえて人に接近し人との距離を狭めての都市進出であった。

1986年には、港区《みなと》南麻布《みなみあざぶ》の9階建てマンションの6階のベランダの鉢植えの低木で繁殖した。1995年には、目黒《めぐろ》区の東急新玉川《とうきゅうしんたまがわ》線（現田園都《でんえんとし》市線）池尻大《いけじりおお》橋《はし》駅前の店舗（ケーキ店）の日除《ひよ》けテント内で繁殖した[写真4]。人工物に営巣したのは筆者の知る限り初めてであり、きわめて稀《まれ》なことである。

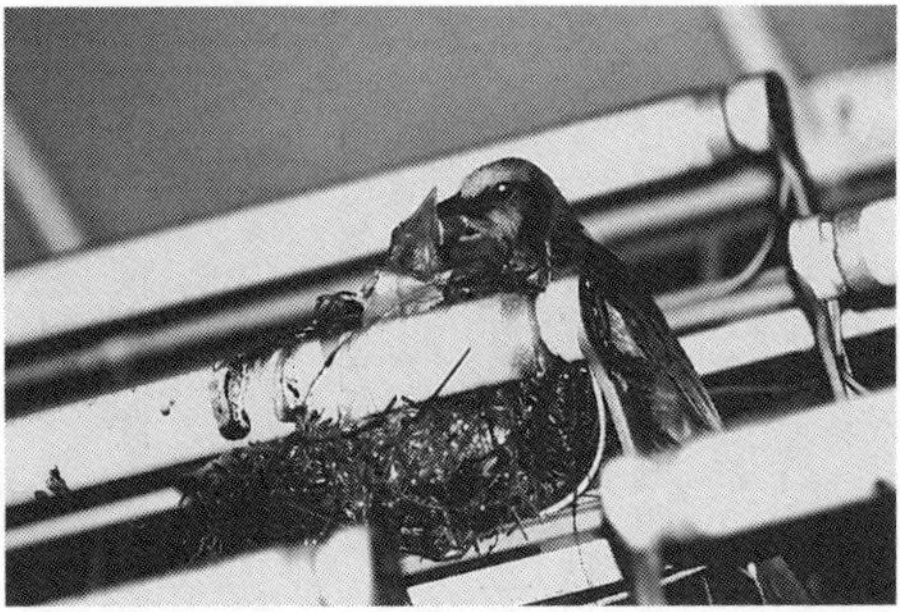

［4］店舗の日除けテント内で営巣したヒヨドリ。ツバメ並に人に接近しての繁殖である（1995年7月6日）

近づいてくるウグイスの謎

野鳥の都市進出は現在も進行中である。それも予想外のところで、思わぬ鳥が都市環境を利用することがある。人のためにつくった様々な建造物が、鳥の目には子育てやねぐらなどに適した場所として見えるのであろう。鳥にとっては都市（人工）と自然の区分などはない。

店頭に並ぶリンゴも生ゴミとして捨てられたリンゴも、鳥にとっては同じリンゴである。食べられるものは食べる。それが野生動物の生き方である。実は、我々の想定をはるかに超えて、様々な鳥が都市環境を利用して生きている。

２０２２年1月下旬〜2月、オミクロン株によるコロナ禍が再燃し、遠出の旅行や大勢での飲食の自粛が求められた。自宅でのテレワークが推奨され、身近な公園を散歩する人が増えてきた。たまたま筆者が近所の公園で冬の野鳥を探していたときのことであった。生け垣の中を移動するウグイスを見つけた。繁殖期の雄は「ホーホケキョ」と美声でさえずるが、冬季は「ジェッ、ジェッ」という地味な鳴き声ばかりで姿を見せない。しかも動きが速く写真に撮るのに苦労する鳥である。

ところが、そんなウグイスが生け垣から芝生に出てきた。久々のシャッターチャンスである。カメラを構え、その場にそっと腰を降ろしてピントを合わせた。地上のウグイスが、なんと、少しずつこちらに接近し、３m、２mと近づいてきたのである。

マンホールに集まる冬の小鳥

「このウグイス、どうしたのかな……?」と、我が目を疑いつつ写真を撮ろうとしたが、近すぎてシャッターが切れない。そっと後ずさりしてシャッターを切った。なんと、近づいてきたのはウグイスだけではない。ジョウビタキやアオジ、メジロなども生け垣に集まってこちらの様子をうかがっている。冬鳥たちの様子がいつもとは違うのである。

足元まで接近したジョウビタキが目の前の下水のマンホールの上に乗った。分厚い鉄の蓋《ふた》の上で何かをつつきはじめた。蓋には小さな穴が2ヵ所あり、穴を覗《のぞ》き込むようにして再び何か

［5］マンホールの中から飛び出てくるユスリカを捕食するメジロ（2022年2月2日）

をつついている［口絵2］。

ジョウビタキの行動を見て、ようやく気がついた。マンホールの蓋の穴からユスリカが次々と飛び出ていたのだ。小鳥たちのお目当ては冬季にマンホール内で発生するユスリカであった。入れ代わるようにメジロが飛来し、蓋の穴の中に頭を突っ込んでユスリカを捕食する［写真5］。食べるのに夢中のあまり、人が接近しても全く意に介さない。

ウグイスがなぜ芝生に降り、筆者のほうに近づいてきたのかがようやく理解できた。筆者がたまたまマンホール蓋の上に腰を下ろしていたのであった。

この公園で暮らすジョウビタキやウグイス、メジロにとって、マンホールで発生するおびただしい数のユスリカは自然の恵みである。餌不足の1～2月を乗り越えるうえでこれ以上のご馳走《ちそう》はないであろう。

2　イソヒヨドリの都市進出

磯の鳥からビル街の鳥へ

都市鳥は、決まった種類がいるわけではない。新しく都市鳥の仲間入りする鳥もおれば、環境の変化によって姿を消してしまう鳥もいる。都市鳥もまた時代と共に栄枯盛衰が見られるのだ。そうした中で、現在、最も注目されているのがイソヒヨドリである［口絵1］。

イソヒヨドリ（磯鵯）は、日本では磯に生息しヒヨドリによく似ているのでその名がつけられた［写真6］。分類学的にはヒヨドリ科ではなく、キビタキやオオルリなどと同じヒタキ科である。雄はコバルトブルーに輝き、雄だけでなく雌も美しくさえずる。しかも空中を飛びながら美声を響かせることから愛鳥家の間では根強い人気がある。

［6］フナムシを雛に運ぶイソヒヨドリ（♂）（千葉県鴨川市。2008年5月17日）

海岸の磯に生息するイソヒヨドリが、内陸部のダムサイトや市街地のビル街などで繁殖するようになり注目されている。首都圏では、1980年代の後半より神奈川県内の市街地や山地のダムなどで繁殖し、2000年以降は東京都（多摩《たま》地区）への進出が顕著になってきた。

特に都市進出が著しいのが八王子《はちおうじ》市であ

る。粕谷和夫《かすやかずお》氏の調査によれば、2009年から少数が繁殖し、2017〜18年には16巣から32巣へと一気に急増している。(4) しかも、繁殖したのはJR八王子駅や京王《けいおう》八王子駅周辺のビル街である。大型量販店、集合住宅、工場、立体駐車場などの踊り場の下、エアコンの室外機などの隙間《すきま》、通気孔《つうきこう》などである。外から巣の内部は見えない。また、マンションのベランダにも普通に飛来し、電線でさえずり、身近な鳥として市民に親しまれている。

銀座のイソヒヨドリ

2020年6月4日、銀座《ぎんざ》でイソヒヨドリのさえずりを耳にした。「ピーチョイチョピーチョ、ツツピーコー……」と、確かに海岸の磯や岩場で聞き慣れた声である。場所が三越《みつこし》や松屋《まつや》などの有名デパートが軒を連ねる銀座の一等地なだけに我が耳を疑った。ビルの屋上から銀座のビル街を見渡してみた。林立するビル群は切り立った海岸の岩場のように見える。ビルの屋上やテラスに止まってさえずり、ビルからビルへと移動しながら獲物を物色する姿は、海岸で暮らしていたころのイソヒヨドリの姿を彷彿《ほうふつ》とさせるものがある。

銀座ミツバチプロジェクト

2006年3月、銀座3丁目の紙パルプ会館(11階)の屋上で「銀座ミツバチプロジェクト」がスタートした。都心には養蜂《ようほう》に必要な花壇があり、十分に花が咲いている。

プロジェクトの山本《やまもと》なお子さんによれば、セイヨウミツバチの行動範囲は約3〜4km。日比《ひび》谷《や》公園、皇居、浜離宮《はまりきゅう》公園などの緑地をカバーしている。また、蜜を集め花の受粉にも貢献している。と同時に、巣箱に出入りするミツバチは都心のヒヨドリやツバメにとっても貴重な食物源であり、イソヒヨドリもミツバチを捕食する。

ミツバチを捕食する際に刺されないのだろうか。ヒヨドリやイソヒヨドリの嘴《くちばし》は細長く、ミツバチをピンセットでつまむかのように挟んで針のある腹部の先端を叩《たた》きつけて除去してしまう。山本さんは、ミツバチの腹部の先端のみが落ちているのを見つけたことがあるという。埼玉県越谷《こしがや》市では、ニホンミツバチの腹部先端を除去して食べるイソヒヨドリが観察されている［口絵1−④］。

ミツバチにとって鳥は天敵である。養蜂業としては鳥を排除したいであろう。ところが、銀座ではツバメやイソヒヨドリを追い払ったり駆除したりしていない。ミツバチプロジェクトの理念として「単にミツバチを飼うだけでなく、自然と共生する社会、さらには私たちの暮らし方まで小さな昆虫に謙虚に学び、行動することで新しい社会の仕組みを作り出すこと」⑸を掲げている。虫、花、鳥、人が都会で共生できる、ミツバチを介した新しい都市生態系の創生を目指しているのである［写真7］。

養蜂の作業の一つにミツバチの幼虫や蛹《さなぎ》に寄生するダニ（ミツバチヘギイタダニ）の除去がある。ダニの寄生した幼虫や蛹は廃棄されるのだが、イソヒヨドリにとってはこの上なく栄養

［7］養蜂のための屋上緑化（銀座３丁目・紙パルプ会館。2020年６月17日）

価の高いご馳走である。

都心では東京駅に近い丸《まる》の内《うち》のビル屋上でも養蜂が行われている。数年前からイソヒヨドリが定着するようになり、２０２０年には繁殖も確認されている。イソヒヨドリにとって都心のビル街の屋上は、繁殖分布拡大の最前線なのである。

小笠原（父島）のイソヒヨドリ

小笠原《おがさわら》は日本本土から約１０００㎞も離れた海洋島である。海洋島とは、誕生してから一度も大陸と接したことのない孤立した島である。筆者は２０１４年８月に小笠原を訪ねたが、そのお目当ては小笠原のみに生息するメグロやオガサワラカワラヒワなどの固有種であった。が、同時に、本土から遠く離れた島の市街地の鳥（都市鳥）にも関心があった。

父島《ちちじま》二見港《ふたみこう》で下船しすぐに目に入ったのがイソヒヨドリである。港にも市街地にも、街中のいたるところでよく目立ち、数が多い。8月26日と28日の早朝（4時30分～6時30分の2時間）、父島で最も人口が集中している大村《おおむら》地区の街中で鳥類調査を実施した。鳥の種類、個体数、生息場所を調査したのだ。その結果は、本州の市街地では想像できないものであった。

観察した鳥類は6種類、計112羽であった。本土の市街地ではどこにでもいるカラス、スズメ、ムクドリなどがいないのだ。最も多いのがメジロ（51％）、ついでイソヒヨドリ（28％）、ヒヨドリ（16％）である。イソヒヨドリが突出して多いのである。

しかも、イソヒヨドリの生活空間は、地上と人工物（電柱、道路標識、屋根）などが大部分（85％）を占めている［図1］。人工物に止まり、地上にいる小動物などを捕食する。樹木に止

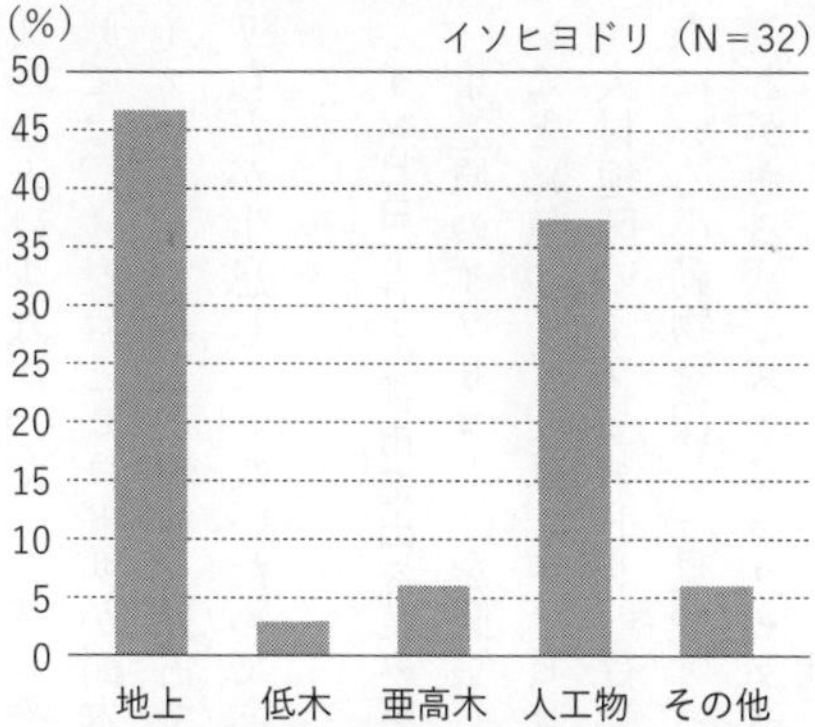

［図1］父島の市街地におけるイソヒヨドリの生活空間　地上と人工物に集中している

［8］路上を見つめるイソヒヨドリ。路上でも1羽が獲物を探している（小笠原父島・大村地区）

まることは少なかった。メジロやヒヨドリの生活空間が樹木であるのとは対照的である。小笠原では、メジロとヒヨドリが樹木や林を、イソヒヨドリが人工環境を占有していた。小笠原でイソヒヨドリが人工環境を独占できたのは、本土では普通に見られるカラスやスズメ、ムクドリなどが生息していないためであろう。

イソヒヨドリの都市進出を読み解く

小笠原のイソヒヨドリを観察してみると、磯や岩場、高層ビルなどがどうしても必要ではないことに気づく。では、イソヒヨドリが生息するうえで何が重要なのだろうか。

大村地区のイソヒヨドリの行動を観察してみよう。道路標識や屋根、電線などに止まって地上にいる小動物を探し、見つけると素早く飛び下りて襲いかかる。この捕食法、どこかで見たことがある。モズやジョウビタキが得意とする「飛び下り捕食法」である。「飛び下り捕食」にとって重要なのは、獲物を狙《ねら》う「止まり場」とその周囲に広がる「狩りの場」である。

イソヒヨドリが海岸の磯を生息地としているのは、「止まり場」として岩場があり、「狩りの場」として草木のない岩礁が広がっているためであろう。イソヒヨドリが各地の鉄道の駅や山中のダムサイトで繁殖するようになったのも、そこには「止まり場」と「狩りの場」とがセットになって存在しているからであろう。

イソヒヨドリが八王子市や東京都心のビル街に進出したのも、ビルの屋上付近は「止まり場」と「狩りの場」を兼ね備えているためであろう。改めて銀座のビル街の屋上を見渡すと、そこは地上とは違って人は全くおらず、イソヒヨドリの採餌《さいじ》に適した見通しのよいオープンスペースが広がっている。

しかも、イソヒヨドリはビルの屋上付近の建物の隙間や空調機などの並ぶ人工物の狭い空間に潜り込んで繁殖する。ヒヨドリが樹木の枝に営巣するのとは対照的である。草木のないビル街の屋上はイソヒヨドリにとって繁殖に適していたのである。

ちなみに、都市進出した小型の鳥類の多くが、スズメやシジュウカラ、ハクセキレイ、コゲラのように木の洞《うろ》や巣箱などの閉鎖空間で営巣する樹洞性鳥類であり、カラスなどの天敵に捕食されにくい。これに対し、樹上にお碗《わん》型の巣を作るメジロ、キジバト、ヒヨドリなどは天敵のカラスや猛禽に狙われやすく、繁殖に失敗することが多い。

蛇足ながら、この鳥の和名を「イソヒヨドリ」と名付け、漢字の「磯鶫」を当てたときから「磯」という漢字の持つ意味に囚《とら》われ、誤解をうむことになった。イソヒヨドリは世界的に見ると海岸から離れたユーラシア大陸の内陸の岩場などに広く分布している。英名は Blue rock thrush であり「岩場に生息する」「ヒタキの仲間」を意味し、誤解をうむことはない。

第2章

ツバメの「栄枯盛衰」

野鳥の中でツバメくらい人との関係が密な鳥はいないであろう。特に子育ての際には、限りなく人に接近し、家の中で繁殖することもある。この「人との親密な関係」はいったいどこからきたものだろうか。本章ではツバメの生態を掘り下げながら、ツバメと「カラス・スズメ・人」の関係について注目してみたい。

1　ツバメの帰還と婚活

早まってきたツバメの渡来

春、シーズン最初にツバメを観察した日を初認日という。その初認日が年々早まっている。20世紀中頃は、「九州南部3月中旬、関東地方4月上旬、東北地方北部4月下旬、北海道北東部（網走《あばしり》、根室《ねむろ》、釧路《くしろ》方面）では6月上旬であった(1)」。

ところが、筆者のインターネット掲示板「カラサワールド」に寄せられた2021年と2022年の関東地方の初認日はほぼ3月中旬である。過去60〜70年の間に半月以上渡来が早まり、かつての九州南部とほぼ同じになってしまった。

東京銀座で長年にわたりツバメの生態を研究している金子凱彦《かねこよしひこ》氏の調査でも巣に戻ってくる

日は年々早まっている。(2) 松屋銀座東館の巣では、1999〜2004年は4月1日〜15日、2005〜09年は3月20日〜30日、2021〜22年は3月16日〜17日である。23年間で約1ヵ月も早まっている。

本州北端の龍飛崎《たっぴざき》で鳥の渡りを調査している久野公啓《くのきみひろ》氏によれば、2021年のツバメ初認日は3月29日であった。64年前には4月下旬であったのでここでも約1ヵ月早まっている。山階《やましな》鳥類研究所による数千羽規模の足環《あしわ》調査でも渡来のピークは、1960年代には5月初旬であったが、2000年代には4月中旬である。半月ほど早まっている。(3)

ツバメの渡来の早期化の背景には地球規模の温暖化が考えられる。日本では、四国や九州で越冬するツバメが増加しており、イギリス南部やアイルランドでも渡りをせずに厳冬期にも留《とど》まるツバメが観察されて話題になっている。(4)

しかし、ツバメの渡来の早期化はそう単純ではない。山階鳥類研究所による標識ツバメの解析によれば、渡来が早まっているのは成鳥のツバメのみである。若鳥が渡来するピークは1960年代も2000年代も7月中旬であり変わっていない。また、繁殖が終わり、巣立った幼鳥が確認される時期も約半月早まっている。ツバメの成鳥には早く日本に帰り、早く繁殖を終了したい事情があるらしい。

ハイリスクの早期渡来

2021年度のツバメの渡来は、関東地方では3月17日～27日がピークであった。例外的に3月1日に1羽の渡来を記録しているが、早い渡来は命取りのリスクを伴っている。

3月上旬の日本列島の気象は不安定である。穏やかな春の日が続いたかと思うと、突然に寒波が襲来し大雪になることもある。ツバメの主食は飛翔昆虫であり、雪やみぞれ混じりの日には昆虫が空を飛ばず食べ物が確保できない。飢えと寒さで落命するリスクが高いのだ。

内《うち》田《だ》康《やす》夫《お》氏による越冬ツバメの研究[5]によれば、最も恐ろしいのは餌の採れない「冷雨や雪の日」である。雨や雪が1日続いても何とか持ちこたえるが、2日も続くと糞もしなくなり、3日目から餓死する個体が出はじめるという。

温暖化に伴い、関東地方でも3月上旬にはツバメが渡来するようになった。しかし、そのころに日本列島の南岸を低気圧が通過し天気が大荒れになることがある。数年に一度は雪やみぞれに見舞われる。春に渡来するツバメにとって渡来日の早期化はリスクが高いのだが、それでも成鳥が先を急ぐのには、何か理由がありそうである。

先を急ぐ「雄ツバメ」

早く日本に戻りたい。そこにはツバメなりの事情がありそうだ。特に雄の成鳥には先を急がねばならない理由があるという。

カモ類などは、越冬中の日本でカップルが形成される。雌雄がペアで北国の繁殖地へと渡り、すぐに繁殖を開始する。夏が短い極地では子育てを急ぐ必要がある。秋の渡りというタイムリミットがあるため、繁殖地に着いてから婚活を始めたのでは遅すぎる。

ところがツバメは、雌も、雄も、若鳥も、別々に渡りをする。日本に戻ってきてから婚活を始める。雄ツバメには、早く日本に戻って営巣場所を確保し、婚活を有利に進めたい思惑がありそうだ。

ただし、春の渡りは危険に満ちている。フィリピンから日本まで3000～4000km、インドネシア（ジャワ島）から北海道までは6700kmもある。これだけの長距離を体長わずか17cm、体重20g足らずのツバメが、自らの翼のみを頼りに渡るのは想像を絶するものがある。暴風雨や吹雪に遭遇し、猛禽に襲われるリスクも高い。前年にカップルであった雌雄が、2羽とも無事に同じ巣に戻り、再びカップルになれるかどうかは分からない。

新潟県上越《じょうえつ》市での調査によれば、前年にカップルだったツバメが26組戻った。が、再びカップルになったのは6組であり、いずれも「雌雄が同時に帰還した」か「雄が雌より先に帰還した」場合であった[6]。雄が先に帰還した場合は辛抱強く雌を待つのに対し、雌が先に帰還した場合はいつまでも雄を待ったりしない。雄がリスクを冒してでも一刻でも早く帰還しようとするのは、婚活のためであり、雌を確保したい一心なのである。

遅れて帰還した雄ツバメの悲劇

雄が雌より遅れて帰還した場合の詳しい観察記録が残っている。1930年、秋田県の仁部《にべ》富之助《とみのすけ》家でのツバメの繁殖である。(7)

仁部家では4月13日に2羽のツバメが帰還した。1羽は前年に繁殖していた雌親、もう1羽の雄には足環がない。雌親は新しい雄(新夫)とつがいになっていた。その後、繁殖は順調に進むかに見えた。が、4月24日ころ1羽の雄ツバメが飛来し混乱が起こった。後からきた雄が雌親に近づいたのだ。そのとき、後からきた雄を追い払おうとしたのは新夫ではなく雌親であった。しかも、驚いたことに後からきた雄は足環から前年に仁部家で繁殖していた雄、つまり前夫であった。雌親は、わずか半年前まで仲良く子育てしていた前夫を拒否したのである。

雄は雌の帰還を辛抱強く待つというのに、雌が待てないのはなぜだろうか。考えられるのは「ツバメの寿命」と「繁殖スケジュール」である。

ツバメは日本に帰還してから婚活を開始し、カップルが形成される。8~9月には南国へ渡去せねばならない。子育てには当然ながらタイムリミットがある。雌は産卵や抱卵などの負担が大きいため、一刻も早く繁殖を開始したい事情がある。ツバメの寿命は平均約1年半と短命である。もしも長寿であれば、夫の帰還を待ったために繁殖できなかったとしても、翌年には再会し繁殖するチャンスが残されもしよう。しかし、短命なるがゆえに翌年まで生き延びられる保証はない。雌親は、生死不明の前夫をいつまでも待ってはいられないのである。

	古藤政雄宅 屋内土間		山崎祥一宅 農具庫内		かど屋商店 縁側内	
	♂	♀	♂	♀	♂	♀
1982年				N04222		N04471
1983年			N04593		N04677	R04471
1984年			C04264	N09737	R04593	
1985年	R04593	R09710		N987b	N青217	R04471
1986年		R09710			R青217	
1987年	R09534	N599b				N374b
1988年					N988b	R987b
1989年					R988b	R987b
1990年					R988b	R987b

N：（捕獲時に）足環なし　R：再捕獲　C：幼鳥

N04471（R04471）同じ♀に異なる♂

N04593（R04593）3年間に3ヵ所を移動した♂

N988b R987b 同じつがいで3年連続繁殖した

［図1］**新潟県南魚沼市六日町の「ツバメのお宿」の戸籍簿**（木下，2005）

ツバメが鑑定する不動産評価

ツバメについての質問で多いのは、「毎年同じツバメが、同じ巣で繁殖しますか？」である。毎年、雌雄で協力して繁殖しているのを見ていると、同じペアで子育てしているかのように思えるのだが、本当はどうなのだろうか。1930年の仁部家の場合も、もしも雄が雌より先に帰還していたらどうだろうか。雌は求愛を受け入れ、同じカップルで繁殖したことも考えられる。

新潟県の木下弘《きのしたひろし》氏は1羽ごとに足環をつけて9年間にわたって婚姻関係を調べ、つがいの相手がどのように変化したかを明らかにした[8]。調査した3軒の家でのツバメの戸籍を見てみよう［図1］。

3軒の中で、ほぼ毎年繁殖しているのが

「かど屋商店」であり、他の2軒は、繁殖したのは9年間のうち3〜4年にすぎない。ツバメにとって「かど屋商店」は人気の高い憧《あこが》れの「優良物件」（定宿）である。「山崎家」や「古藤家」は人気のない「いわくつき物件」のように見える。

実は、ツバメが繁殖する建物を調べてみると、長年にわたってツバメが利用するAランクの物件、ときどき利用するBランクの物件、できれば避けたいがやむなく利用するCランクの物件がある。ツバメの世界に不動産鑑定士がいれば、建物の構造（特に外壁の構造や軒下の有無など）、家族構成（年齢や人数）、来客数、通りの人や車の通行量などから路線価格を計算し、餌場となる水田や湿地までの距離、巣材の泥の入手先も評価の対象にするであろう。ひょっとしたら、住民に野鳥の会の会員がいればプラス評価、ツバメを捕獲するネコがいればマイナス評価をするかもしれない。ツバメたちは人家の周辺を丹念に飛び交いながら、真剣に不動産鑑定を行うのである。

こうしたツバメによる営巣地のランク分けは、新潟県だけでなく、後述するように東京の銀座でも、市川市や成田《なりた》市でも同様であり、どの街にも必ず一番人気の建物がある。

改めて図1を見てみよう。山崎家の雄「N04593」は、年によって「山崎家」→「かど屋商店」→「古藤家」と別の家で繁殖しており、つがい相手の雌もはっきり確認できず、つがい関係は不安定のようである。

ところが「かど屋商店」の場合は、雌の「N04471」は3シーズン同じ巣で繁殖しており、１９８８〜90年の３年間は同じカップルが繁殖している。このカップルは雌雄ともに最も早く帰還したグループに属していることが分かっている。いち早く帰還した雄が優良物件を確保し、同じくいち早く帰還した雌とカップルが成立した。それが３年にわたって繰り返されたと考えられる。

ツバメの平均寿命は約１年半と短命だが、それはあくまで平均である。なかには５年、10年、そして16年も生きた長寿記録もある。雌雄ともに抜群の身体能力を持ち、しかも長寿に恵まれれば、同じカップルが同じ優良物件で繁殖することは十分にありうるのである。

ツバメの「営巣地格差」

筆者が調査している市川市のツバメでも、巣作りする建物はＡ〜Ｃの３ランクに分けられる。図２は、２０２０年の市川市内で調査した15巣のランク分けとツバメの繁殖状況を示したものである。

Ａランク（３巣）はいずれも30年以上連続して繁殖している優良物件である。相沢マンションは江戸川《えどがわ》の河川敷に面しており、食物（飛翔昆虫）の入手には最適である。金子ビルのオーナーは生花店店主であり、ツバメをこよなく愛し、カラスを寄せつけない。レジデンス市川は市川駅に近い雑居ビルで、カラオケやスナック店が入り常に人で賑《にぎ》わう。Ａランクでは繁殖開始が早いため巣立つのも早く、２回目の繁殖を行うツバメが多い。市川の場合はすべて２回繁

		4月	5月	6月	7月	8月	巣立ち羽数	雛数／巣	巣の被害 カラス	巣の被害 人
Aランク	相沢マンション	●巣立ち		●巣立ち			17	5.7	0	0
	金子ビル（大洲歯科）		●巣立ち	●巣立ち						
	レジデンス市川-1		●巣立ち	●巣立ち						
Bランク	セブンイレブン		●巣立ち				14	3.5	0	0
	ブルームーン			●巣立ち						
	レジデンス市川-2			●巣立ち						
	サンドラッグ			●巣立ち						
Cランク	金子ビル（生花店）		×ブト				0	0	5	3
	市川ヒルズ		×ブト							
	大谷家			×ブト						
	カミキハラ家			×ブト						
	第一鈴木ビル				×ブト					
	アーデル（駐車場）			×人	×人					
	アーデル（駐車場）		×人	F						
	毛下家			F F						

●：巣立ち成功　×：巣立ち失敗　F：飛来のみ

×ブト ハシブトガラスによる捕食　×人 人による繁殖妨害

［図2］**千葉県市川市におけるツバメの営巣場所ランキングと繁殖の成否**
（唐沢，2021）

殖（延べ6回繁殖）し、巣立ちした雛は計17羽。1巣あたりの巣立ち雛数は5・7羽と多く、カラスや人による被害もなかった。

Bランク（4巣）はすべて1回繁殖であり、計4回繁殖した。巣立った雛は計14羽。1巣あたりの巣立ち雛数は3・5羽であった。ここに入居したツバメはやや遅れて日本に帰還したためにAランクの巣は入居済みのために確保できなかった。人による妨害やカラスによる捕食などのリスクのあるBランクの巣を選択し、何とか1回の繁殖には成功した。

Cランク（8巣）ではすべて繁殖に失敗し1羽の雛も巣立たなかった。失敗の原因はハシブトガラスによる捕食が5回、人による巣落としが3回、飛来したが繁殖しなかったのが1回であった。

ツバメの世界では、営巣場所に明らかに格差があり、優劣がある。優位の巣からはより多くの雛が巣立ち、劣位の巣からは雛は巣立たなかった。野鳥の世界では（動物界全体についてもいえることだが）、次世代を担う「子孫」をどれだけ多く残せるかがすべてである。そのためにもツバメの雄は、リスクを冒してでも早く日本に戻ろうとしたのである。

2　ツバメの子育て

カップルが形成され、縄張りが確保できれば、巣作り、産卵、抱卵、育雛《いくすう》、巣立ちと繁殖が進行する。ツバメの子育てを注意深く観察してみると新たに発見することも多い。

ツバメの巣と再利用

ツバメの巣を改めて観察してみよう。巣は独特の技法で作られていることが分かる。親鳥は垂直の壁面にへばり付くようにして止まり、だ液の混じった泥を付着させ、泥と藁《わら》などを混ぜた泥ダンゴで巣を作る［写真1］。この造巣技法によって、他の鳥が利用できない壁面空間の利用に成功し、人家での繁殖を可能にした。

巣材の粘土質の泥はいったん乾燥すると耐久性を増し、雨にあたらない限り何十年も壁面に

［1］垂直の壁面で巣作りするツバメ（市川市。2021年6月8日）

付着し離れない。古巣が残っていれば、簡単な修理・リフォームで即入居可能となる。それだけ早く繁殖を開始できる。しかも、新築よりも大幅に労力は削減され、巣材（泥）も少なくてすむ。さらに古巣の存在は、過去に繁殖したことを伝える重要な情報としても役立っている。筆者が市川市で行ったツバメ調査では、繁殖に成功したツバメは２０２０年7巣、２０２１年5巣であり、そのすべてが古巣利用であった。

唾《つば》つけ、巣台、人工巣

ツバメの巣作りで問題なのは建物の壁面の材質である。凹凸の多いモルタル壁はだ液の混じった泥が付着しやすかった。しかし、今や外壁の主流は金属サイディング製であり泥が付着しにくい。古い家が建て替えられるたびにツバメは営巣しにくくなっている。

ツバメの巣作りをサポートするのが「巣台」である。巣台は幅数㎝の板片でも十分である。巣を支える支点さえ取り付けてやれば、ツバメ自身で巣を完成させる［写真2］。

人工巣は商品としても市販されているが、コルク粘土や発泡コンクリートなどで作ることもできる。その際、お碗型にこだわる必要はなく、長方形でもツバメは営巣する。繁殖中の巣が壊れたときには、応急的にカップ麺《めん》の容器や段ボールの小箱などをガムテープで壁面に貼《は》り付けて巣の代用にすることもできる。

［2］壁面に設置した巣台で繁殖するツバメ（市川市。2022年5月4日）

糞を落とすツバメの雛

ツバメの雛は巣の下に糞を落とす。雛が小さいときは親鳥が巣から運び出して捨てるが、雛の成長に伴い親鳥は糞の処理をしなくなる。雛は巣の縁に後ろを向いて止まって脱糞《だっぷん》するため、巣の下は白い糞の山となる。これでは天敵に巣のありかを教えているようなものである。

スズメやシジュウカラ、ムクドリなど多くの小鳥類は、巣を清潔に保つうえからも、また天敵に巣を発見されないためにも、雛の糞は親鳥が運び出して捨てるのが常識である。

ツバメの親鳥は、なぜ糞を処理しないのだろうか。ツバメは、かつては天敵の近寄れない岩場などで繁殖していた可能性がある。そのために糞の処理をする必要がなかったのかもしれない。あるいは、人家で繁殖するようになり、人に見守られて安心し、天敵への警戒心が低下したためかもしれない。巣の下に糞を落とす習性は、親鳥にとっては子育ての世話が楽にはなるが、軒下を貸しているオーナー（所有者）がこれを嫌えば、巣を落とされる原因にもなる。

驚異的なツバメの捕食能力

ツバメの捕食能力がいかに優れているか、びっくりするような観察事例がある。日本昆虫学会会誌のグラビアシリーズ（昆虫の横顔）に掲載された田仲義弘《たなかよしひろ》氏の「ハチを脅して獲物を奪うツバメ」の組写真である［口絵3］。

ツバメが狙いをつけ獲物を横取りしようとしている相手は、体長わずか23㎜大のキアシハナダカバチモドキ（ハチ目ドロバチモドキ科）である。個体数が少なく絶滅危惧種《ぜつめつきぐしゅ》に指定されている。その貴重なハチの動画を田仲氏が撮影していたときに思わぬ発見があった。

ハチが自分よりも大きなバッタ類を狩り、地中の巣に運ぼうとしてバッタを抱き抱えたままいったん10ｍほど上昇。滑空しながら巣へと向かう。ツバメは上昇していくハチを背後から襲い、翼や尾羽を最大限に広げて急ブレーキをかけるなどして脅しをかける。びっくりしたハチが思わず獲物を手放して落とす。それを横取りするのだ。急ブレーキをかけてから獲物をキャッチするまでわずか10分の1秒の早業である。しかも、たまたまハチと出あって捕食したのではない。同じ方法で何回も横取りする常習犯である。この方法が優れているのはハチに刺されず獲物だけを奪うことができることである。

ツバメの糞を調べる

ツバメはいったい何を食べているのだろうか。空中を飛びながら昆虫を捕らえているようだが、動きが速く、しかも昆虫が小さすぎて、直接観察して確かめるのは難しい。

［3］ツバメの雛の糞内から検出された未消化な昆虫の断片

ツバメの食性を調べる方法として、筆者らが行っている方法は二つある。その一つは、雛に給餌するシーンや雛が巣から落とした獲物の観察である。給餌するシーンでは、コシアキトンボやアキアカネなど、比較的大きな昆虫は識別できる。雛が巣の下に餌を落としたものとしては、トンボやコガネムシ、タマムシなどを観察している。餌が大きすぎて雛が呑《の》み込めずに落としたのであろう。

もう一つの方法は、雛の落とす糞の調査である。方法は至って簡単である。巣の下で糞を採集し、茶漉《ちゃこ》しで水洗いして未消化の断片を集める。肉眼で見てもすぐに分かるのがアリの頭や足、胴体などの破片である。また、トンボの翅《はね》なども見分けやすい［写真3］。

しかし、小さな破片から昆虫の種名を突き止めるのは容易ではない。筆者の場合は、昆虫の専門家である山崎秀雄《やまざきひでお》氏に識別をお願いした。山崎氏は、採集した昆虫の破片と、種名の分かっている昆虫を解体した部分とを一つ一つ照合するなどの根気のいる作業により、ツバメの食性を明らかにした。

糞分析により、都心（銀座）と郊外（市川市）のツバメの食性を比較することができる。[9] ここではその要点を紹介しよう［表1］。

糞分析によって、銀座と市川を合わせて計7目53科91種（種名まで分からない68種を含む）の昆虫を確認することができた。銀座で33種類、市川市（市街地）45種類、市川市（郊外）53種類であった。

都心より郊外のほうが昆虫の種類が多いことは予想通りであった。ところが、1巣1巣のツバメから検出された種類数は、市川（市街地）では21～24種、銀座では24～26種であり、銀座のほうが3～4種類多かった。銀座で検出されたが、市川（市街地）で検出されなかったのは、ハエ類の4～7種類、ミツバチ科の3～4種類である。銀座には花壇が多く、

市川市（郊外）		
A	B	C
○	○	○
2	2	3
○	○	
○	○	○
		2
	1	
	1	
2	2	2
4	2	1
○	○	
32	27	27
53		

目	科（類）	東京－銀座		市川市（市街地）		
		ムサシ	銀座松屋	市川ヒルズ	大洲歯科	南八幡
チョウ目	ガ類	○	○	○	○	○
ハエ目	ハエ類	7	4	2		
ハチ目	クロヤマアリ	○		○	○	○
	トビイロシワアリ	○	○	○	○	○
	ミツバチ科	3	4★		1	
甲虫目	ゴミムシ科			4		4
	コガネムシ科			1	1	1
	ゾウムシ科	1		2	3	4
カメムシ目	アワフキムシ類	1	2	1	1	1
トンボ目	チョウトンボ					
	種数（計）	26	24	24	22	21
		33		45		

★セイヨウミツバチを含む　○は確認できた昆虫（個体数は不明）

［表1］**東京銀座と千葉県市川市のツバメの糞分析の比較　ここでは主な昆虫のみをリストにした**

ハチやハエの種数が豊富であることが分かる。検出された91種のうち種名まで判明したのは23種であった。そのすべてが飛翔昆虫であった。なかでも特記したいのは、銀座松屋東館の糞から検出されたミツバチの翅である。ツバメがミツバチを捕食していることが糞分析からも裏付けられたことになる。

また、トンボ類でも銀座と市川では顕著な違いが見られた。市川市の郊外ではチョウトンボが、市街地でもトンボの翅が多数検出された。また、目視によりナゴヤサナエ、シオカラトンボ、ナツアカネなどの給餌も確認している。ところが銀座ではトンボ類は全く検出されなかった。都心には花壇はあるが、トンボの幼生（ヤゴ）が生息できる水辺の環境が整っていないのではないだろうか。

糞分析で特に注目したいのは「アリ類」で

ある。糞を洗って未消化物を見ると、圧倒的に多いのがアリの黒い破片である。といっても、ツバメは地面を歩いているアリを捕食することはない。6〜8月上旬に発生する羽蟻《はあり》を捕食する。検出された6種類のアリの中で、最も多く、しかも銀座と市川に共通しているのはトビイロシワアリとクロヤマアリである。これを1990年の調査と比べると、クロヤマアリが減少しトビイロシワアリが増加している。

クロヤマアリは都会の日当たりのよい砂地（裸地）を好む傾向がある。都心はコンクリートですっかり固められている。裸地の減少に伴いクロヤマアリが減ったと考えられる。一方でトビイロシワアリは、芝生などの草地を好み、樹木の枝葉などでアブラムシの甘露などをなめて生活している。都心では芝生や樹木が増え、トビイロシワアリにとって好適な環境に変わってきたのである。

ツバメの天敵と反撃

都会のツバメの子育てで最大の天敵は人とカラスである。図2で示したように、市川市のツバメで、繁殖に失敗した主な原因はカラスによる捕食と人による巣落としであった。カラスが巣を襲うのは、親ツバメが巣を留守にしたり、カラスに対する反撃が弱かったりする場合が多かった。

ツバメにとってネコも恐ろしい天敵である。軒下の巣に出入りする親ツバメを、屋根の上でネコがじっと待ち構え、一瞬による「ネコパンチ」でツバメを捕らえるのを見たことがある。また、ガレージの壁面にツバメが営巣すると、ネコは車の上でじっと待って、戻ってきたツバメに襲いかかる。このシーンを筆者と一緒にネコの飼い主の女性が見ていたときのこと。「危ない！」と女性は思わず声を上げ、「大丈夫、怪我《けが》はなかった？」と声をかけた。なんと、ネコに声をかけたのである。この世にツバメよりネコを心配する人がいることを筆者は初めて知った。

ここで重要なのは、親ツバメが果敢に反撃し、カラスを撃退しようとするモビング（擬攻撃）である。1羽のツバメが、「ツピッ」と鋭く鳴いてカラスの後頭部をかすめるように攻撃する。それを見聞きした近所のツバメが加勢する。さらに興味深いことに、隣近所で繁殖しているムクドリやスズメをはじめとして、シジュウカラ、ハクセキレイ、オナガまでもがカラスに立ち向かうことがある。大国による侵略に対し、小国が結束して自衛する構図に似ている。

カラスに反撃するツバメについて興味深い研究がある。自分の巣の近くにカラスが飛来した場合と、やや離れている場合とでは、モビングする本気度が全く違うのだ。自分の巣が襲われるとなると、我が身の危険を顧みず、先頭に立って激しく反撃する。ところが離れたところのツバメは、モビング行動には参加するものの危険を伴うような行動には出ないという(10)。

ツバメの宿敵「スズメ」

ツバメとスズメは、対カラスでは共闘するが、ふだんは営巣場所をめぐって対立関係にある。スズメは「樹洞性の鳥」であるため、繁殖に適した場所は限られている。しかも、人に接近しすぎると巣を人に落とされ、人家から離れすぎるとカラスなどの天敵に狙われやすくなる。そこでスズメが目につけたのがツバメの巣である。それも人の目の届きにくい裏玄関や高所に営巣した巣を横取りしようとする。

ツバメの巣を乗っ取る手口は、藁や枯れ草などを巣に詰め込んでしまうことだ［写真4］。長い尾のツバメの自由な出入りを妨害してしまう戦法である。ツバメの巣から藁や枯れ草などが垂れ下がっていれば、スズメに乗っ取られていることが分かる。

［4］ツバメの巣を乗っ取って子育てするスズメ（2013年6月30日。石井秀夫撮影）

ただ、ツバメもみすみす巣を横取りされたりはしない。スズメが枯れ草をくわえてツバメの巣に入ろうとする、その瞬間、猛スピードでスズメに向かって体当たりし、「バシッ」と叩くような音が聞こえる。体を張ってスズメを撃退しようとする。

3　ツバメの集団ねぐら

巣立ったツバメたち

ツバメは街中で子育てが終わると姿を消し、秋には南国へ渡って越冬する。街中から姿を消したツバメが秋に南国に渡るまで、どこでどんな生活をしているのだろうか。長い間ブラックボックスであった。都市鳥としてのツバメの生態を明らかにするにはこのブラックボックスの解明が欠かせない。

巣立ったばかりの幼鳥は、夕方には再び巣に戻って夜を過ごす。2日目、3日目も同じように巣に戻るが、4～5日後に親鳥は幼鳥を連れて池や河川、湖沼などへ移動し、夜はヨシ原で眠るようになる。ツバメの街離れである。

親子による家族生活は2週間ほどで終わり、幼鳥たちは他の幼鳥と合流して行動するようになる。親離れ、子離れである。幼鳥は、最初は小群で夜を過ごすが、小さな群れは大きな群れに吸収され、やがて繁殖を終えた成鳥も加わり、7月下旬～8月には数千羽、ときには数万羽の大群で夜を過ごすようになる。いわゆる集団ねぐらである。

数万羽の大群に出あう

筆者が初めて大規模なツバメの集団ねぐらを観察したのは2001年7月28日である。そのときの感動は今なお鮮明に記憶に残っている。場所は多摩川《たまがわ》中流の八王子市平町《たいらまち》の「平の堰《せき》」(日野《ひの》用水堰)である。JR八高《はちこう》線多摩川橋梁《きょうりょう》と国道16号の拝島《はいじま》橋の間に広がるヨシ原である。

千代田《ちよだ》の野鳥と自然の会の渡辺仁《わたなべひとし》氏に案内してもらい、仲間と一緒に堤防に立ち、ツバメの帰還を待った。午後6時ころにツバメが帰りはじめた。ねぐら入りのピークは日没前後の6時50分~7時10分の約20分、実に壮観であった。

はるか彼方《かなた》の空にツバメの一群がゴマ粒のように現れた、と思って見ていると、ほどなく頭上をツバメが埋めつくして群舞している。群れ全体がらせん状に回転しながら上昇し、河原から一気に民家のある上空へと飛び、再び引き返してくる。上流からは次の群れが飛来する。数千羽はいるであろうか。その群れの背後からさらにその何倍もの大群が迫ってくる。

上空高く乱舞し、ハラハラとヨシ原へ舞い降りて吸い込まれていく。その一方で、低空を川の流れのようにヨシ原へと潜っていく群れもいる。須川恒《すがわひさし》氏は前者のねぐら入りを「木《こ》の葉落とし」、後者を「流れ」と呼んでいるが、その通りの光景を見ることができた。

下流方向を見ると、薄暗くなった八高線の鉄橋の上を電車が通過する。明るい車内には帰宅を急ぐ大勢の人が乗車しているのが見える。7時半ころであろうか、昭和記念公園付近で打ち

［5］多摩川の河原（ヨシ原）で眠りにつく数千羽のツバメ（渡辺仁撮影）

上げられた花火が夏の夜空に彩りを添えてくれた。周辺は、すっかり開発され、宅地化され、大勢の人が暮らしている。街中で繁殖を終えたツバメたちは都市に隣接した河原をねぐらにしていたのである［口絵5－①］。

ヨシの葉で眠るツバメ

ヨシ原にねぐら入りしてしまうとツバメの姿はよく見えない。ツバメを驚かさないようにハロゲンライトでヨシ原を照らすと、おびただしい数のツバメがヨシの葉や穂に止まっていることが分かる［写真5］。目にあたった光が白く反射する。7時半を過ぎたころから、白く反射していたツバメの目が少しずつ消えていく。目を閉じ、眠りについたのであろう。

ツバメにとって河原の中州は安全なねぐらである。水の流れによりネコやイタチ、ヘビなどの天敵は近づきにくい。たとえヨシの茎をのぼろうとしても、細くてしなやかな茎や葉が揺れるため危険を素早く察知できる。

翌朝、4時ころには一斉にねぐらを飛び立っていく。日中を

［6］中央高速談合坂SAのケヤキにねぐら入りするツバメ。木の下はライトをつけたトラックやバスなどが往来する

どこでどう過ごすのかは明らかではないが、夕方には再び多摩川に集まってくる。繁殖を終えたツバメにとって河川や湖沼に生えるヨシ原はなくてはならない重要な環境である。

「談合坂SA」の集団ねぐら

ツバメの集団ねぐらはヨシ原以外にも、トウモロコシ畑、オオブタクサの群落、サクラの苗圃《びょうほ》などを利用した事例が知られている。いずれも人や建物からは隔離されている。ところが、中央高速道路の「談合坂《だんごうざか》サービスエリア（SA）」（山梨県上野原《うえのはら》市）の集団ねぐらは従来の常識を覆すものであった。

朝比奈邦路《あさひなくにみち》氏に案内してもらい、初めて「談合坂SA」を訪ねたのは2015年8月24日であった。SAなので、レストランや売店があり、トイレもある。立ち寄る人や車で賑わっている［口絵5－②③］。

そこに、夕方になると続々とツバメが飛来する。上空はすっかりツバメで埋めつくされ、不規則に乱舞する。やがて日没が迫り、建物の周囲に植えられた樹高約14〜15mのケヤキの枝先に一斉に飛び込んでくる［写真6］。枝に止まったツバメを写真に撮り、パソコンで画像を拡大して羽数をカウントしたところ、約８０００羽を数えた。

中央高速ができ、ＳＡが供用開始したのは１９６９年、ＳＡで集団ねぐらが見つかったのは２００６年６月だという。山の森林が開発され、人や車が休憩するＳＡがオープンし、その新しく出現した環境をツバメたちは集団ねぐらとして利用したのである。

［7］ツバメが日中を過ごす上青根集落とその周辺の水田（2015年８月24日）

集落での集合とねぐら入り前集合

朝比奈氏の観察によれば、日没前後に一斉にねぐら入りしたツバメは、翌朝、日の出の25～20分前をピークに一斉に飛び立っていくという。空の彼方に飛び去ったツバメが、夕方再びＳＡに戻ってくるまで、どこでどう過ごしているのだろうか。

朝比奈氏は、ツバメが日中を過ごすのは山間部に分散する集落とその周辺の水田であろうと予想。車で移動しながら集落のツバメを調査してきた［写真7］。観察情報を一つ一つ集めてはつなぎ合わせ、ツバメたちの一日の行動の全体像を

［8］15時過ぎ、上野田集落の電線に集合した367羽のツバメの群れ（2015年8月24日）

［9］大野貯水池の電線に集まった約2000羽のツバメの群れ（2015年8月24日）

解明しようとしたのである。

筆者は、２０１５年８月、16年８月、17年８月、18年８月の４回、朝比奈氏に山間部の集落を案内してもらい、ツバメたちの一日の行動の一部分を観察させてもらった。

ツバメたちは、日中は数羽～十数羽で集落やその周辺の水田や谷間を飛び交い、吹き上げてくる昆虫などを採餌する。午後２時過ぎには各集落の電線に集まってくる。

例えば、道志川《どうしがわ》水系にある神奈川県相模原《さがみはら》市上青根《かみあおね》集落（談合坂ＳＡから11㎞）の電線では、２時に21羽、２時半に１００羽、３時に１７２羽と増加する。同様に大渡《おおわた》集落では１０２羽、上野田《うえのだ》集落では３６７羽の集合を観察した［写真８］。各集落に集まったツバメは、午後２時～３時ころに飛び立ってねぐらへと向かう。

午後5時〜6時ころ、SAの手前約1kmのところにある大野《おおの》貯水池とその周辺の電線にツバメが続々と集まってくる。ツバメたちはいったんここに集合すると、水面を飛びながら水浴し、電線に止まって休息する［写真9］。ずらりと電線に並んだ羽数をカウントしてみると2050羽（2015年8月24日）であった。午後5時45分ころ、次々と飛び立ち談合坂SAのねぐらへと向かった。

以上は、ツバメの集団ねぐらの約8000羽のうちの約2000羽の日中の行動の断片をつなぎ合わせたものである。ツバメの一日の生活の全体像はまだ十分には見えてこない。

養鶏場で採餌するツバメ

各地で巣立ったツバメが日中に採餌する場所は地域によって違いがある。談合坂SAのツバメは山間部に分散する水田や集落であった。鹿児島県では養鶏場で大量に発生するアメリカミズアブ（ハエ目ミズアブ科）を捕食するという(11)。

松野下敏男《まつのしたとしお》・久子《ひさこ》氏によれば、鹿児島県の加治木町《かじきちょう》（現始良市《あいらし》）、国分市《こくぶ》（現霧島市《きりしま》）、薩摩《さつま》川内市《せんだい》の干拓地には数千羽〜1万羽の集団ねぐらがある。早朝、国分市のねぐらのツバメは大《おお》隅《すみ》半島方面へ、加治木町のねぐらのツバメは鹿児島市市街地を通過して薩摩《さつま》半島を南下し、知《ち》覧町《らんちょう》・穎娃町《えいちょう》一帯（現南九州市《みなみきゅうしゅう》）の養鶏場周辺で日中を過ごす。12ヵ所の養鶏場に集まるツバメは合計約８０００羽。夕方には朝とは逆に北上し、鹿児島市内を通過して加治木町の集団ねぐらへと戻ってくる。

集団ねぐらから飛び立ったツバメの行動範囲はとても広い。加治木町のねぐらから餌場（養鶏場）までの距離は平均50km、最大70kmにも達する。50kmとは、新宿にある東京都庁に集団ねぐらがあると仮定すると、南は鎌倉《かまくら》や葉山《はやま》、西は八王子や青梅《おうめ》の一部、北は坂戸《さかど》や北本《きたもと》、東は市原《いちはら》や木更津《きさらづ》が含まれる。

幼鳥だけで渡るツバメ

街中で繁殖を終えたツバメは、成鳥も幼鳥も、夜は各地の集団ねぐらに集まってくる。集団ねぐらに集まるツバメの羽数の季節変化を調べることにより、ツバメがいつ日本から渡去するか、また、親子一緒に渡るのか、別々なのかなどが明らかになってきた。

図３は多摩川（日野用水堰上流）における集団ねぐらの個体数の季節変化である。[12] 個体数は7月末～8月上中旬に最盛期となり、8月下旬から9月上旬にかけて一気に減少する。減少する時期に南国に渡ったと考えられる。

また、集団ねぐらに集まるツバメの成鳥と幼鳥の割合は、５月末から６月は成鳥のみである。6月下旬から幼鳥の割合が増え、7月下旬から8月末には幼鳥が70～80％を占めた。9月上旬になると成鳥が姿を消し幼鳥のみが残った。9月の３週には幼鳥も姿を消した。以上のことか

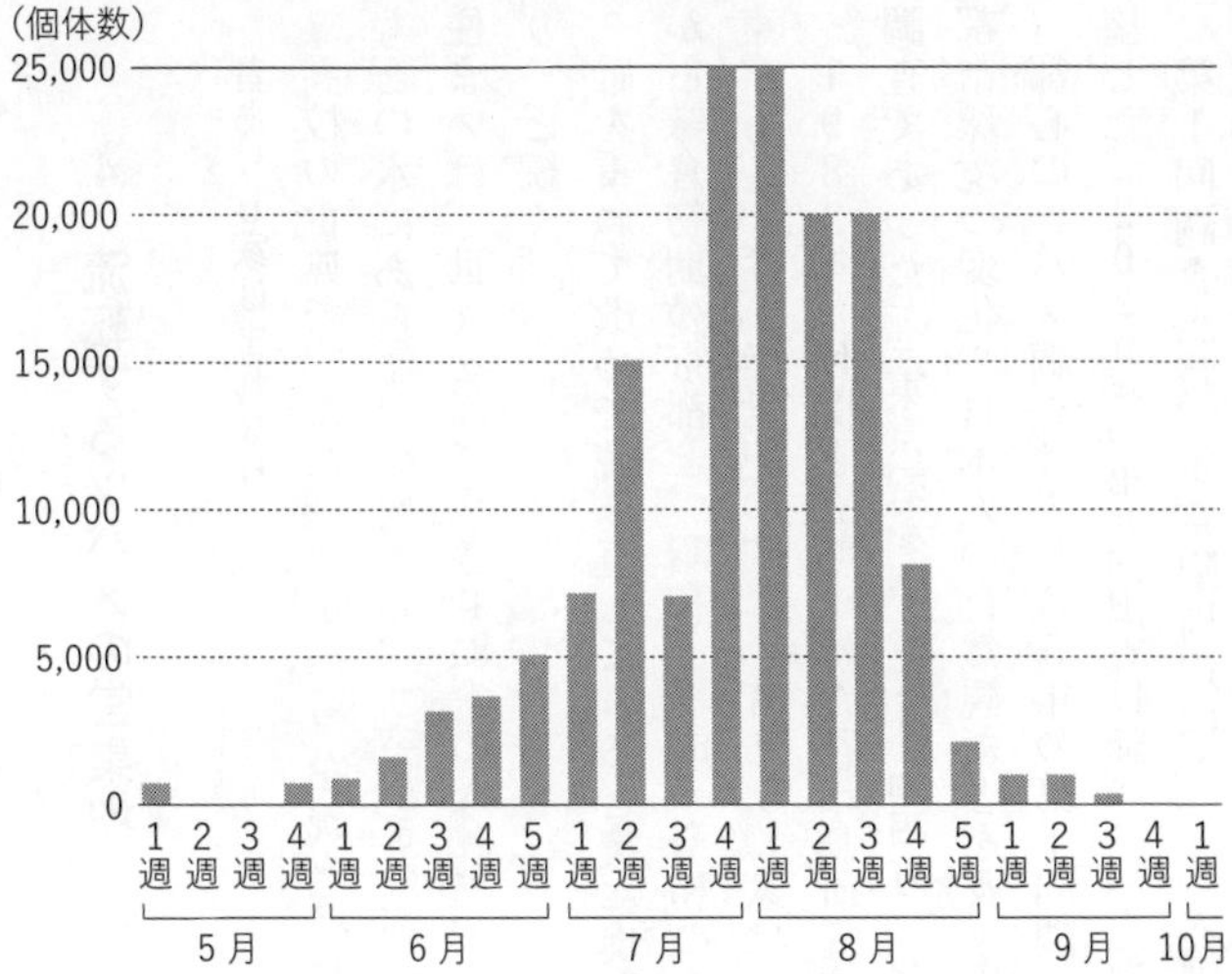

［図3］日野用水堰上流におけるツバメのねぐら入り個体数の季節変化（2003）
（多摩川流域ツバメ集団ねぐら調査連絡会，2008）

ら、成鳥は8月下旬に渡り、幼鳥は9月中旬に渡ったと考えられる。つまり親子は別々に渡っていたのである。

山階鳥類研究所によるツバメの標識調査（幼鳥3万8066羽、成鳥8390羽）でも、捕獲して放鳥したツバメが減少するのは、成鳥では9月中旬、幼鳥では9月下旬であった。やはり親子は別々に渡るのである[13]。

シギ・チドリ類の秋の渡りも、成鳥が先（7月上旬）に、幼鳥は後（8月下旬から）である。ツバメやシギ・チドリの幼鳥は親鳥に教えてもらうことなく渡りのコースをどのように知ることができるのだろうか。鳥の渡りはまだまだ分からないことが多い。

4 流転するツバメの営巣地

昔ありし家はまれなり

高校の古典で学んだ『方丈記《ほうじょうき》』を読み返してみた。「行く川の流れは絶えずして、しかも、もとの水にあらず」に始まり、「玉敷きの都の内に、棟を並べ、甍《いらか》を争える、高き賤《いや》しき人の住まいは、世々を経て尽きせぬものなれど、これをまことかと尋ぬれば、昔ありし家はまれなり」と続く。

齢《よわい》を重ねて改めて読み直してみると実に奥深いものがある。鴨長明《かものちょうめい》が見たであろう平安末から鎌倉初期の京都と、昭和、平成、令和の東京が重なりあって見えてくる。ツバメから見た東京も、わずか半世紀の間に「昔ありし家はまれなり」なのである。

1982年、仲間と立ち上げた都市鳥研究会が最初に取り組んだ調査の一つがツバメの生態調査であった。「東京駅を中心に3㎞四方」を調査地とし、営巣場所を調べ、ツバメを通して都市環境の変化や日本人の自然観などを炙《あぶ》り出そうと意気込んだ。

都心のツバメ調査は1985年の第1回調査から2015年の第7回調査まで5年ごとに実施した（2020年の第8回調査以降はコロナ禍のため中断された）。

第1回調査当時、東京駅周辺はツバメ天国であった。丸の内北口の国鉄本社ビル（地上9

［10］東京中央郵便局の出入口で繁殖するツバメ。巣（円内）の下に小さな糞受けが取り付けられている（1984年６月10日）

階）や南口の東京中央郵便局（5階）にはツバメが多数営巣しており朝夕の通勤客の心を和ませてくれた。特に国鉄本社ビルのツバメは、国鉄が「国鉄スワローズ」（現ヤクルト東京スワローズ）のオーナーであり、ツバメは国鉄のシンボルとして特別の存在であった。

その後、１９８７年に国鉄は分割民営化されてＪＲとなり、１９９８年に本社ビルは解体。２００４年には超高層ビル「日本生命丸の内ビル」（28階）が誕生した。今やツバメの巣は皆無である。ここがかつてツバメの一大繁殖地であったことなど知る人も少なくなってしまった。

東京中央郵便局も郵政改革を経て、今や地上38階のＪＰタワー（２０１２年竣工《しゅんこう》）に変わってしまった。かつては人や集配トラックの出入口付近ではツバメが多数繁殖していた［写真10］。今でも注意して見るとＪＰタワーの外壁（文化財として保存された）に巣の痕跡《こんせき》がわずかに遺《のこ》っている。30～40年の間に東京の玄関でありシンボルでもある東京駅前の景観は一変した。「昔ありしビルはまれなり」である。飛び交うツバメの姿もまた稀である。

人を利用した「ツバメ型繁殖」

1985年春、東京駅を中心とした3㎞四方の調査により、営巣した建物数44ヵ所、巣数52個を確認した。

44ヵ所の建物はいずれも大勢の人が行き交うビル街にあった。親ツバメは、皇居周辺の緑地で餌を採りビル街の雛に運ぶ。あえて人の近くに営巣して雛を育て、その周辺の緑地で採餌する繁殖法を「ツバメ型繁殖」と命名した。後から都市に進出してきた鳥も、人の存在を利用して繁殖するという点では、「ツバメ型繁殖」といってよいだろう。

ツバメ調査は5年ごとに実施し、第1回〜第7回調査の結果は図4のようになった。調査結果から、注目すべき3点が明らかになった。

第一の注目点は、第2回調査（1990年）で営巣場所が20ヵ所に激減したことである。しかも、20ヵ所のうち5年前から継続して繁殖したのは9ヵ所のみ。残り11ヵ所は新規の建物に営巣したものだ。折しもバブル経済の絶頂期であり、営巣していたビルの改築・改装が進んだ。わずか5年間で35ヵ所（ほぼ8割）の建物で繁殖が中断されたのである。

第二の注目点は、第3回〜第7回調査でも、5年前から継続して繁殖したのはほぼ半数であり、残り半数は新規のビルで繁殖したことである。5年ごとに半数が新しい建物に入れ代わったのである。都心では営巣する建物は目まぐるしく入れ代わり、30年間に営巣した建物の総数はなんと92ヵ所にも及んだ。

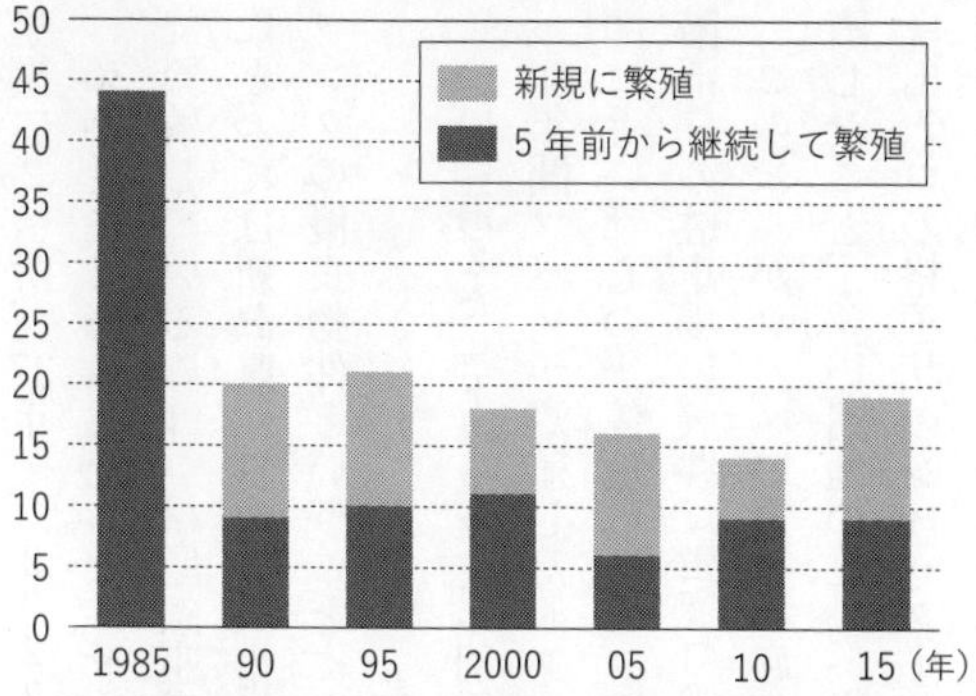

［図4］東京駅周辺のツバメ営巣場所数の変化（都市鳥研究会，2015を改変）

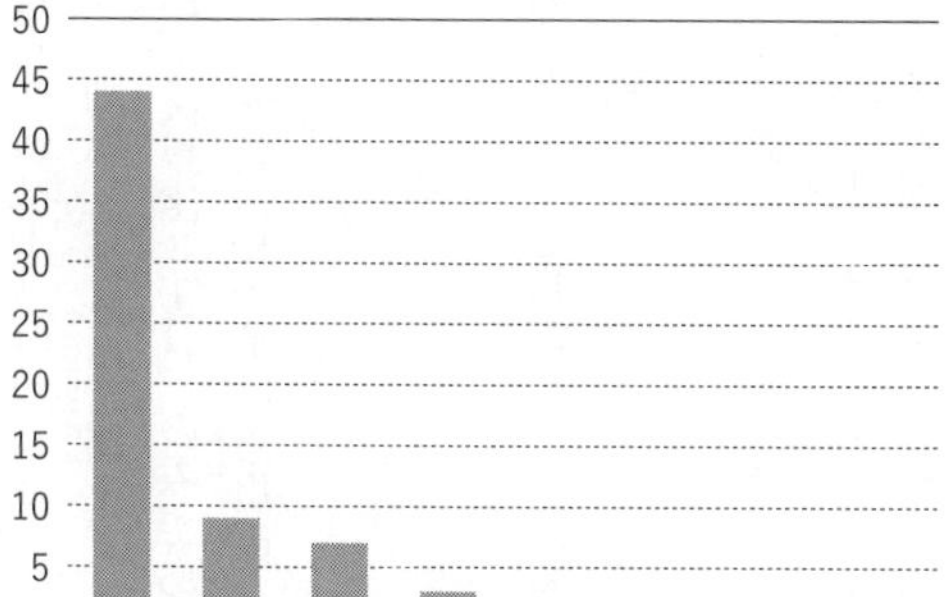

［図5］1985年にツバメが繁殖した44ヵ所のうち、その後も継続して繁殖した建物数の変化（都市鳥研究会調査より作成）

そして第三の注目点は、多くの繁殖建物が入れ代わってしまう中にあって、何十年も継続して繁殖する建物が存在することである。図5は第1回調査で見つかった44ヵ所の建物のうち、その後も継続して繁殖した建物数を示したものである。10年後に7ヵ所、15年後に3ヵ所、30

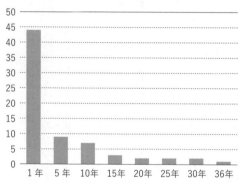

年後に2ヵ所、37年後（2022年5月現在）には1ヵ所のみとなった。

30年後まで繁殖したのは「トクヤマビル別館」（港区西新橋《にししんばし》1丁目）であり、37年後の現在まで繁殖しているのは「松屋銀座東館」（中央区《ちゅうおうく》銀座3丁目）のみである。この2ヵ所は、ツバメにとっては新潟県六日町《むいかまち》（現南魚沼市《みなみうおぬまし》）（↓30頁）や千葉県市川市（↓31頁）でいうところのAランクの優良物件ということになる。

ついに消えた「トクヤマビル別館」（港区）

30年間ツバメが繁殖したトクヤマ別館はどんな建物だろうか。場所は日比谷公園の南、虎《とら》ノ門《もん》に近い都心の一等地にある。大通りから路地に入ったところにある古いビルであり、巣は1階部分の駐車場の天井（蛍光灯の笠《かさ》）にあった。

このビルがツバメの繁殖に好都合だったのは、ビルの入居者やオーナーがツバメを大切に保護したこと、狭い路地のためハシブトガラスに見つかりにくいこと、そして何よりも重要なのは出入口の格子状のシャッターである。格子の隙間はツバメが自由に出入り可能なのに対し天敵のカラスは入れない［写真11］。

2020年（さらに21年、22年）、都市鳥研究会が予定していた第8回ツバメ調査はコロナ禍のため延期になった。2021年6月23日、トクヤマ別館と松屋銀座東館のツバメが気がかりだったので繁殖状況の確認に出かけた。松屋銀座東館では繁殖を確認したがトクヤマ別館のビルがどうしても見つからない。

路地で営業している飲食店で尋ねてみた。「トクヤマ別館ですか、聞いたことあるね」と言って、出前用に使っていた町内会の地図を取り出して調べてくれた。「ああ、ここにある、何回もラーメンを配達したことがある。ツバメの雛を見たことがある」と言う。店主によれば、トクヤマ別館のあった一帯は再開発のために２０１８年にはすっかり取り壊されたという。２０２１年６月には「日比谷フォートタワー」として完成オープンするという。なんと、完成間近な27階建て（高さ１３８ｍ）の超高層ビルが聳《そび》えていた。もはやツバメの繁殖は無理である。この地に、30年もの長きにわたってツバメが繁殖した優良物件があったことなど、人々の記憶からも消えてしまうことだろう。

［11］トクヤマ別館の格子状のシャッター。ツバメは出入り可能だがカラスは入れない（2010年５月29日）

ツバメにとって銀座の一等地

１９８５年より２０２２年５月まで、都心でツバメが継続繁殖しているのは松屋銀座東館のみとなった。東館は華やいだ銀座通りから一歩入った狭い路地に面した古い建物である［写真12］。

［12］37年間継続して繁殖している松屋銀座東館のツバメの巣（矢印）

巣は建物の庇《ひさし》の内側にあり、その下は駐車場になっている。人や車が絶えず行き来する。建物は古いため巣材の泥が付着しやすく、蛍光灯に笠があり、巣作りがしやすい。日比谷公園や皇居などの採餌場所まで約1・3㎞と近く、餌場にも恵まれている。さらに2006年からは、近くの紙パルプ会館屋上で養蜂が始まり、食事メニューに栄養価の高いミツバチが加わった。ただ、気がかりなことが一つ。建物は古く、いつ改築・改装が行われるか分からないことだ。

ツバメが結ぶ「中央公論社」と「読売新聞社」

1985年当時、東京駅を含む「丸の内、大手町地区」では国鉄ビルや中央郵便局など8ヵ所でツバメが繁殖していた。ところが、1990年になると、営巣地は国鉄ビルと旧読売新聞ビルの2ヵ所となり、2000年以降はついに読売新聞ビルのみとなった。

読売新聞社前の日比谷通りは箱根《はこね》駅伝のスタート・ゴール地点として全国的に知られたところである。ツバメの巣は、日比谷通りから路地に入った車専用の出入口の中にあった。守衛が常駐しているため、カラスは建物の中を覗き込むことはあっても中に入ることはなかった［写真13］。

興味深いことに、巣からは40～50㎝もある長い馬の毛が何本も垂れ下がっていた。およそ500m西には皇居東御苑《ひがしぎょえん》に馬場があり皇室のパレード用の馬が飼育されている。ツバメは長い馬の毛をくわえ、お濠《ほり》を越えて新聞社まで運んだと考えられる。

その読売新聞社のツバメも、2010年の繁殖が最後となった。秋にはビル解体工事が始まり、2013年には超高層ビル（地上33階、高さ200m）が完成。大手町唯一の営巣地が姿を消した。

［13］改築前の読売新聞ビルのツバメの巣（守衛の目の前で営巣していた）

一方、都市鳥研究会の第1回ツバメ調査（1985年）で繁殖を確認した44ヵ所の1つに旧中央公論社ビル（中央区京橋《きょうばし》2丁目）があった。中公新書より拙著『カラスはどれほど賢いか』を出版したのは1988年であり、打ち合わせのため何回か社を訪ねたことがある。ツバメの巣は玄関の真上の庇の内側にあり、親鳥が頻繁に出入りしていたことを記憶している。受付からも巣がよく見え、受付嬢がメモした「ツバメの初認日の記録」が残されている。(14) 当時の初認日を見ると、1988年は「4月12日」、1989年は「4月25日」、1990年は「4月2日」、1991年は「4月12日」、1993年は「4月8日」であり、渡来日は4月上旬〜下旬であったことが分かる。ちなみに2021年と22年の中央区銀座での渡来日は3月17日と3月16日である。30年前に比べ初認日が半月から1ヵ月早まっている。

急増し急減した市川市のツバメ

東京都心では、ツバメの営巣地が1985年をピークに1990年にかけて急激に減少した。同じような現象が、都心を取り巻く市川市でも練馬《ねりま》区や杉並区でも観察されている。

1972年、筆者は総武《そうぶ》線市川駅に近い現在の家に住むことになった。当時は周辺に水田が残り、バンやコサギなどの水鳥の姿も見かけた。自宅から商店街を通って市川駅までの10分ほどの道を、ほぼ毎日通勤で往復し、都市鳥観察を楽しんだ。

ツバメの急増に気づいたのは1984年春であった。営巣建物数は1984〜86年の3年で15ヵ所から35ヵ所へと2・5倍に増加。1986年をピークに減少に転じ、1990年には一気に6ヵ所にまで激減した。その後は今日まで、2〜3ヵ所で推移している［図6］。

ツバメが減少したのはバブル経済が頂点に達した1990年ころである。繁殖していた商店街の建物で改築・改装・塗装が行われ、ツバメは営巣場所を失った。しかも、そのころに生ゴ

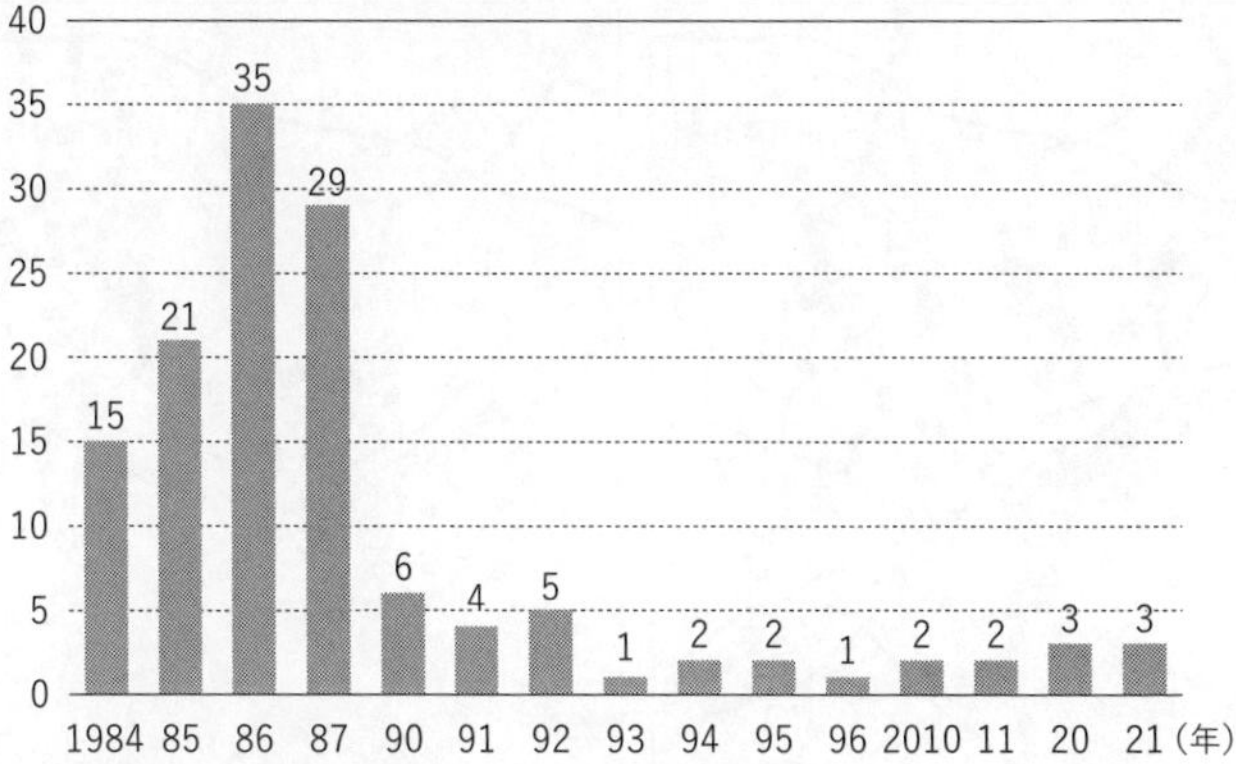

［図６］急増し激減した市川市のツバメの営巣建物数（唐沢，2021，未発表）

ミを食べるハシブトガラスが急増し、ツバメの雛や卵が集中的に狙われた。

営巣地の移動――繁華街から郊外へ

自宅から市川駅までの通勤経路を見る限り、１９９０年以降はツバメの姿を見かけなくなり、消滅寸前であった。ところが、調査範囲を市内全域に広げてみたところ、予想外の結果が得られた。駅前や旧街道などでは激減したが、郊外の新興住宅地や洪水対策の遊水地の建物などでは増加していたのだ。

市川市では市史編纂《へんさん》のため、２０１１年に市内全域（56・4㎢）でのツバメ調査を実施した。その結果を１９８６年調査[15]と比較したのが図７と図８である。営巣箇所と営巣数は、１９８６年は２１５ヵ所に２５０巣、２０１１年は２０７ヵ所に２４８巣であり、市域全体ではほとんど変化していなかったのである。ツバメの営巣地が旧市街地から郊外へ移動

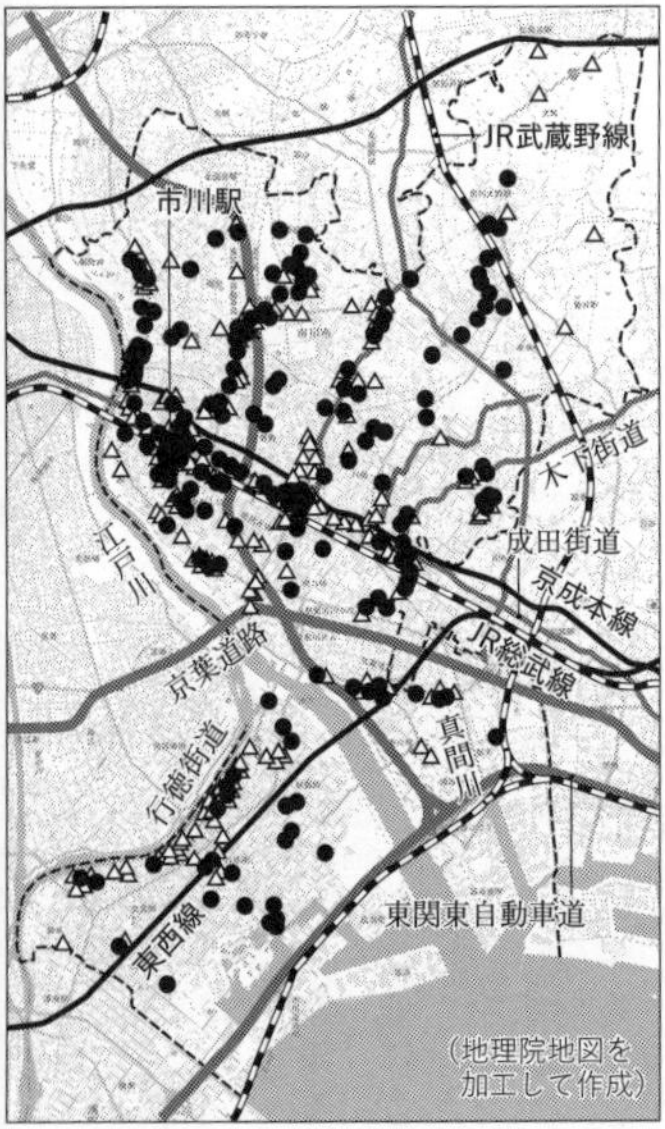

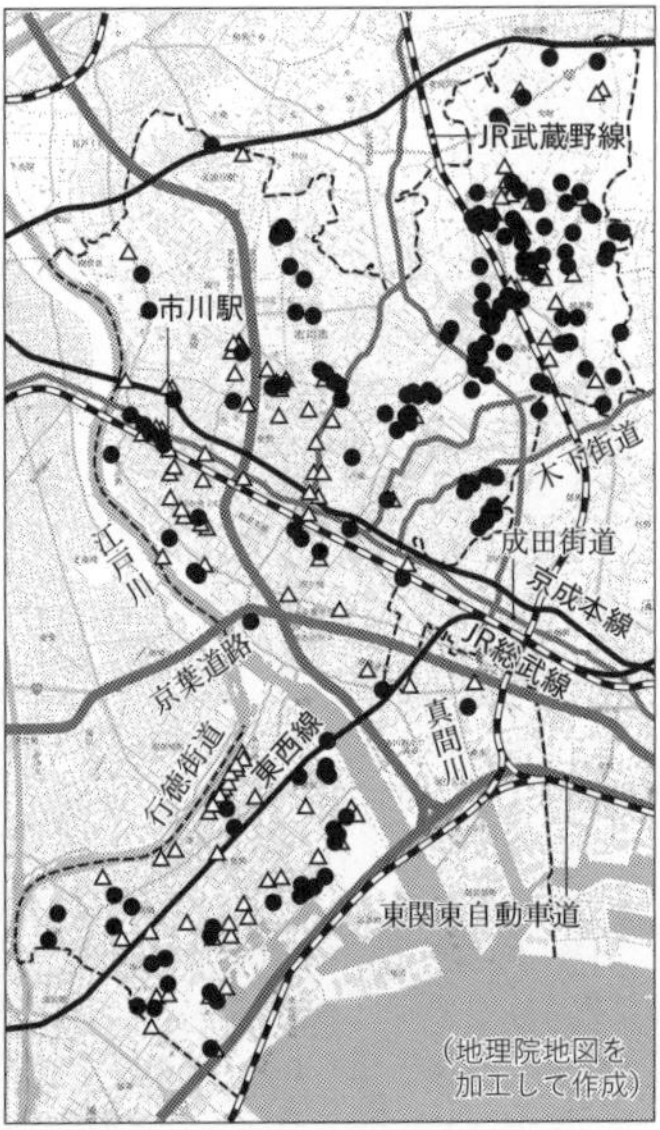

●育雛〜巣立ち：ヒナや巣立ちが確認できた　△古巣及び繁殖未確認

［図7］1986年・市川市全域のツバメ繁殖調査（越川，1995）

［図8］2011年・市川市全域のツバメ繁殖調査（唐沢・越川，2016）

したことが読み取れる。

練馬区や杉並区でも急減

1980年代から90年代にかけてツバメが激減する現象は、千葉県市川市（旧市街地）以外でも、都心を取り巻く世田谷《せたがや》区、練馬区、杉並区、板橋《いたばし》区、葛飾《かつしか》区、江戸川《えどがわ》区などでほぼ同時に観察された。都心でバブル経済が崩壊し、その波紋が首都圏全体に広がったのだった。

西武池袋《せいぶいけぶくろ》線石神井公園《しゃくじいこうえん》駅ホーム（練馬区）では、1986年の43巣をピークに、88年に33巣、92年には4巣に減少した。(16) 2008年に高架工事と駅舎の改築によりホームでの繁殖は消滅。2020年現在、東口改札の外でわずか1巣のみが繁殖している。

杉並区では、JR中央線と京王井《けいおうい》の頭《かしら》線の間の約984haでツバメ調査が行われた。(17) 1984年から1988年の5年間の調査で、繁殖巣数（建物数）が81個（76ヵ所）から58個（46ヵ所）に減少した。店主がツバメを見守っていた八百屋や肉屋、魚屋が街中から消え、新しくスーパーやコンビニが進出してきた時期であった。

成田山新勝寺参道のツバメ

1995年6月2日、千葉県成田市の成田山新勝寺《なりたさんしんしょうじ》の参道で初めてツバメを観察したときの感動は今でも鮮明に記憶に残っている。駅構内はもとより、参道の商店の軒下や日よけテント内など、いたるところでツバメが繁殖しており、ツバメ天国であった。営巣建物数は86ヵ所［図9］、巣数は125個を数えた。(18)

ところが2015年5月31日、20年ぶりに成田を訪ね、我が目を疑った。さっぱりツバメがいないのである。繁殖を確認した建物はわずかに12ヵ所。さらに6年後の2021年には9ヵ所にまで減少した［図10］。1995年に比べて9割の激減である。

激減した理由はいくつか考えられる。第一は、2000年以降に行われた参道や駅前の整備事業である。道路が拡幅され、繁殖していた建物の多くが新しく建て替えられた。第二は、カ

［図9］成田山新勝寺参道のツバメの繁殖建物の分布（1995年）

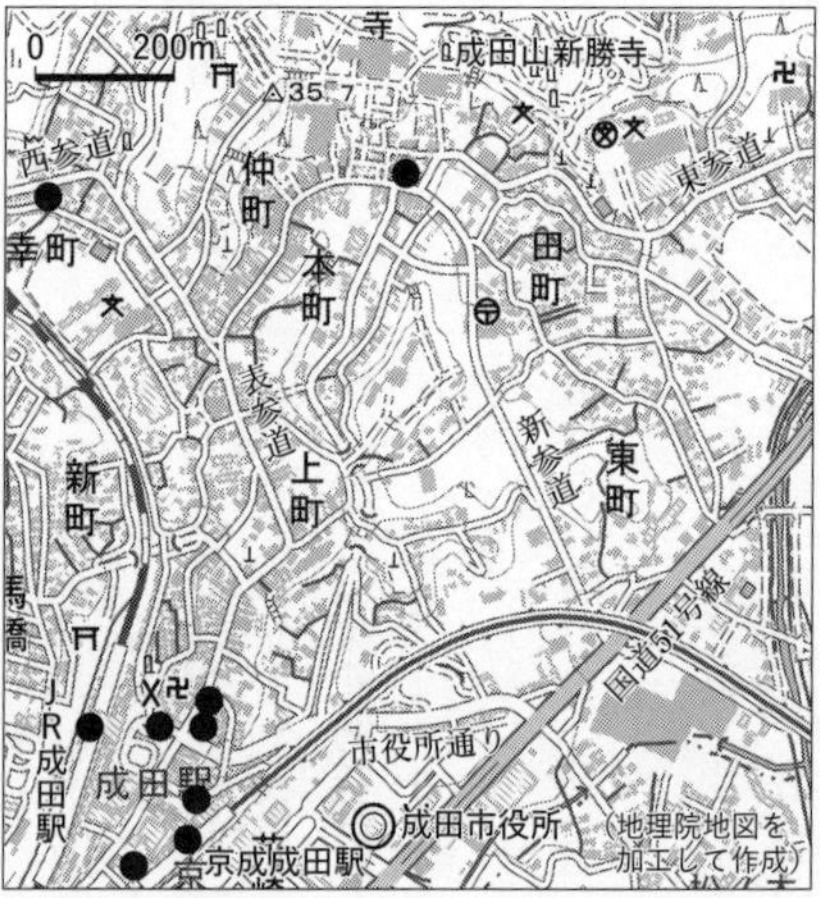

［図10］成田山新勝寺参道のツバメの繁殖建物の分布（2021年）

ラスによる雛や卵の捕食である。カラスは1つのツバメの巣で卵や雛を襲って味をしめると、次々とツバメの巣を襲うという習性がある。しかも記憶力がよくツバメより長寿である。ツバメを捕食した経験が蓄積され、ツバメの巣発見や襲い方がより巧みになる。参道沿いの巣は軒並みカラスに襲われてしまった。そして第三はコロナ禍の影響である。蔓延《まんえん》防止措置による外出自粛などで観光客が激減し、シャッターを下ろした店では店内で繁殖できなくなった。

成田市のツバメで興味深いのは、全体として激減しているのに２０２１年現在、９ヵ所で繁殖していることである。その営巣地は、いずれもカラスに発見されにくい、あるいは、接近しにくい場所である。例えばＪＲ成田駅構内では、以前はカラスに捕食されやすい建物の入口付近にあったが、現在は駅構内の通路を30～40ｍも中に入った薄暗い壁面にある。京成成田駅前の複合ビルでは、巣はビルの中にあり、しかも、階段を上がった２階の通路を右折した壁面にある。ここまでカラスは入ってこられないし、巣が見つかることもないだろう。

道の駅や高速道路ＳＡの高密度繁殖

ツバメの巣は１巣ずつ分散していることが多い。１軒の家に複数が営巣する場合でも、巣と巣は離れており密集しない。ところが、営巣に適した建物が減少するにつれ、残された建物に巣が集中するようになる。また、新しく郊外に出現した「道の駅」や高速道路のサービスエリア（ＳＡ）などでは、多数のツバメが営巣し、ルーズなコロニー状になる事例が現れた。

世田谷区では、小田急《おだきゅう》沿線や田園都市線の駅や商店街などを中心に、１９９７年にはツバメの巣を２５２巣記録した。その後、２００９年には１４３巣に減少し、２０１０年１９２巣、２０１１年１９９巣であった[19]。

世田谷区のツバメで注目したいのは、巣の減少と共に、１つの建物に営巣する巣数が増加したことである。３個以上営巣する事例が２００１年以前は３ヵ所、２００９年７ヵ所、２０１

［14］軒下で集団繁殖する大柏川ビジターセンターのツバメ（千葉県市川市）。カラス対策として巣の前にはテグスが張りめぐらされている

0年12ヵ所、2011年15ヵ所と増加している。なかには、一つの建物で最大19巣も繁殖した事例もある。繁殖に適した建物が減少し、残された優良物件に巣が集中しコロニー状態になったと考えられる。

市川市郊外に洪水対策として造成された大柏川《おおがしわがわ》第一調整池緑地では、2007年6月にビジターセンターがオープンした。すると、軒下では20巣以上が繁殖するようになり、今やコロニー状態である［写真14］。

巣は、センターの建物から長く張りだした庇の下に作られている。壁面に巣台や人工巣などが取り付けられ、テグスが何本も張りめぐらされカラスの接近を阻むなど、ツバメ保護の対策が施されている。また、センター前には広大な湿地や草原が広がり巣材の泥や雛の餌には事欠かない。ツバメの繁殖にとっては理想的な優良物件である。

ツバメが高密度で繁殖する事例は、日本各地の「道の駅」や高速道路のSAで観察されている。埼玉県春日部市《かすかべ》の「道の駅庄和《しょうわ》」や東北自動車道「那須《なす》高原SA」もその一つだ。軒下で20～30巣が繁殖している。いずれも周辺には水田が広がり、餌や巣材の泥の入手には事欠かない好条件である。

人の移動や物流の中心が鉄道から車へ置き換わり、ツバメの営巣場所も「鉄道の駅」から「道の駅」や「高速道路のSA」へと移転したようである。

ツバメの婚外交尾、子殺し

ツバメの繁殖が一部の優良物件に集中してコロニー状態になると、新たな問題が生じてきた。その一つが婚外交尾である。

ツバメは一夫一妻であり、雌雄で子育てをする。ところが、ヨーロッパのツバメの場合、生まれてくる子どものDNA検査を行ったところ約30％が配偶者以外の雄の子（婚外子）であった。ヨーロッパでは、牛舎などで集団繁殖するため、婚外交尾が起こりやすい環境にある。それに対して日本のツバメは、婚外子の割合は約3％と低い[20]。日本のツバメは各家に分散して繁殖するため婚外交尾の機会が少ないと考えられている。

ところが、日本でも道の駅や高速道路のSAなどで高密度での繁殖が増えてきた。今後、日本でも婚外子の割合が高くなるのかどうか、注目したいところである。

そしてもう一つ。営巣場所が密集することによる営巣場所や雌をめぐる争いの激化である。

［15］ツバメの子殺し。雄ツバメが雛を引きずり出している（2020年6月12日。越川重治撮影）

その結果、「ツバメの子殺し」が増加するのではないかという懸念である。

越川重治《こしかわしげはる》氏は２０２０年、21年に船橋《ふなばし》市の民家で、ツバメの巣に監視カメラを設置して繁殖生態を調査したところ、驚くべき映像を収録した。なんと、他の雄ツバメが巣を襲撃し、雛を引きずり出すシーンを記録したのである［写真15］。２０２１年には4羽の雛が襲われて2羽が死亡した。高密度で繁殖している大柏川ビジターセンターでも、２０２０年7月に3巣で雛8羽が襲撃され巣から落ちている。(21)

ツバメの雛の労働寄生

２０２０年6月29日朝、筆者は市川駅に近い「カラオケ昌ちゃん」のツバメの巣で、雛数を数えて思わず我が目を疑った。この巣は、これまでの観察から産卵数は4個、雛数も4羽のはずである。ところが何回数えても5羽いる。一瞬、老化の進行を疑ったくらいである。

その日、「昌ちゃん」の巣から約２００m離れた「ブルームーン」の巣では、巣立ち前の雛

4羽が3羽に減っていた。個体識別していないので確かな証拠はないのだが、ブルームーンから巣立った1羽が、何らかの理由で昌ちゃんの巣に潜り込んだものと推測した。

2020年7月2日、越川重治氏は大柏川ビジターセンターで、生後12日目の雛5羽のいる巣に、他の巣で巣立った1羽（A）が加わり、計6羽いることを確認した。しかも、親鳥はAを排除せず、約2時間にわたり6回も給餌したのである。さらに7月9日にも同じ巣で、生後19日目になった雛5羽がいるところに、他の巣で巣立った2羽（B、C）が加わり、計7羽が狭い巣でひしめくのを観察した［口絵4－①］。7羽の状態は52分続き、その間にBは1回、Cは2回の給餌を受けた。同様に、他の巣に潜り込んで給餌を受ける事例を7月7日にも観察したという。本来給餌を受けるべき雛の餌を奪うことになることから、これを「労働寄生」（盗み寄生）と呼んでいる。

ツバメの労働寄生は、ツバメの個体群全体から見ると幼鳥の死亡率を低減させているのではないだろうか。筆者が観察した「昌ちゃんのツバメ」では、自分の巣に戻れなかった幼鳥が他のツバメの巣で「一宿一飯の恩義」に与《あずか》ったとも考えられる。巣立ちの時期の幼鳥はバラバラになり、迷子になりやすい。成長の遅い雛はどうしても巣立ちが遅れてしまう。

また、巣立ったツバメの幼鳥がカラスに襲われ、家族が散り散りになることもしばしばである。街中の巣から郊外のヨシ原などへ生活の拠点を移動する際にも幼鳥は迷子になりやすい。そんな孤児を他の親鳥が受け入れ、給餌することにより救済されることもあるだろう。雛にと

って の「労働寄生」は、ツバメ個体群全体から見ると、「子育て支援」や「共同保育」としても機能していることになる。

新天地を切り拓くツバメたち

ツバメは、毎年同じ家で同じような泥の巣を作って繁殖するため、保守的な鳥のように見える。ところが、長期にわたってツバメを観察してみると、いつの間にか繁殖の中心が他所に移動したり、予想外のところで繁殖したりするなど、革新的な一面を持ち合わせている。

想定外のところで繁殖した事例の一つが、市川市の8階建ての市営住宅「大町《おおまち》第三団地」である。多くのツバメは、カラス対策としてなるべく人に近い低いところで繁殖するが、ここでは8階のエレベーター出入口付近に6巣、4～5階に4巣、計10巣が繁殖した［写真16］。

［16］高所（市営住宅８階）で繁殖するツバメ（2013年５月24日）

また、同じ市川市のツバメで、北総《ほくそう》線北国分《きたこくぶん》駅の地下ホームで繁殖した事例もある。保健医療福祉センター地下の駐車場では、最も奥にある薄暗い壁面で繁殖中の巣を見つけた。いずれも、カラスによる捕食を避けようとしてようやくたどりついた安住の地である。

　また、国内各地を広く見渡すと、ときどきではあるが、都市から遠く離れた高山や離島、過疎地などで繁殖する事例もある。

　筆者は２００９年７月30日、北アルプスの八方《はっぽう》尾根《おね》の八方池《はっぽういけ》山荘（標高１８３０ｍ）で繁殖中のツバメを見つけた。巣は山荘の外にあるトイレの非常ベルの上にあった［写真17、18］。

［17］ツバメが繁殖した標高1830mの八方池山荘のトイレ

［18］八方池山荘トイレ内の非常ベル上で繁殖するツバメ（2009年７月30日）

　北海道では、ツバメは道南では普通に繁殖してはいるが、道北や道東では数は少ない。ましてや離島での繁殖は稀である。天売島《てうりとう》では、１９８３年と１９９２年に学校や郵便局に計３巣が繁殖したが、その後には観察されていないという[22]。

2017年6月7日、筆者は天売島の天売郵便局で真新しいツバメの巣を見つけた。巣からツバメの長い尾が出ており、抱卵中のように見えた。「日本のツバメ繁殖の最北地」かもしれないと心躍らせながら、局員に事情を話して巣を調べてみた。が、残念なことに雄の死体であった。ただし、まだ生き生きとしており死後硬直していない。2017年の春に島に渡来、何らかの原因で死亡したものであった。このように、稀にではあるが離島に飛来し繁殖を試みる個体もいるのである。

自然で繁殖するツバメ

日本ではこれまで、ツバメの巣は人工物でのみ観察されている。本来自然で繁殖していたツバメが、人家という環境に進出し、自然での繁殖を完全に放棄したと考えられている。ところが、天売島のような離島や八方尾根の山小屋でも繁殖することから、あるいは人から離れたところでも繁殖できるのではないかという予感がした。しかも、2007年、ツバメの営巣地に関する興味深い発表があった。栃木県、千葉県、愛媛県などの人里離れた水田地帯で、農道の橋下でツバメが繁殖しているというのである[23]。橋は人工物ではあるが、しかし、周辺には人家もなく人の影響はほとんどないに等しい。橋下で繁殖するのであれば、自然の岩場で繁殖してもおかしくはあるまい。ひょっとしたら、すでに日本のどこかでツバメが自然物で営巣

［19］湖畔の崖（ロシアのラドガ湖の岩場）で繁殖中のツバメ（Мальчевский А.С., Пукинский Ю. Б., 1983）

しているのではないだろうか。ツバメが人に出あう以前の繁殖生態を観察できるかもしれないのだ。

日本では、自然におけるツバメの繁殖は確認されていないが、アメリカでは20世紀初頭に湖畔の崖《がけ》などで営巣していた事例が報告されている。(24) また、フィンランドとの国境に近いロシアのラドガ湖では、岩だらけの島の崖の隙間（水面からの高さ1～1・5ｍ）でツバメが繁殖していた記録があり、写真も掲載されている［写真19］。(25)

第3章

人類に随伴するスズメ

1　都市鳥としてのスズメ

スズメの特徴

スズメはツバメと共に代表的な都市鳥である。では、「スズメとはどんな鳥か」と問われると、戸惑ってしまう。特徴がつかみにくいのだ。

スズメの特徴は、他の鳥と比較することによって際立たせることができる。例えば前章のツバメと比較してみよう。ツバメは喉《のど》の赤や下面の白がよく目立つ。翼や尾羽はすらっと長く、スタイル抜群。空中を自在に飛び、飛びながら捕食も飲水もする。長距離を移動する「渡り鳥」でもある。

一方スズメは、色彩は地味。鳴き声もスタイルもいま一つ。いるのか、いないのか分かりにくいのだが、探せばどこかには必ずいる。そんな「特徴がない」ことがスズメの最大の特徴である。ツバメが飛翔昆虫のみを食べる偏食であるのに対し、スズメは何でも食べる雑食性である。ツバメのような長距離の渡りはせず、一年中国内に留まる留鳥である。空中を自在に飛ぶツバメに対し、地上でホッピングし、茂みに潜り枝から枝へと移動する。フットワークはいかにも軽快であり、地上や樹上生活に適している。こうした素早い行動と目立たない特徴により

	スズメ	イエスズメ	ニュウナイスズメ

頭部	褐色（♂♀）	灰色（♂）	赤褐色（♂）
体長	14.5cm	16cm	14cm
生息地	市街地〜果樹園	市街地	林内〜耕地
主な分布	ヨーロッパ〜東アジア	東アジアを除く世界	サハリン・日本・中国

［図１］スズメ属のスズメ、イエスズメ、ニュウナイスズメの特徴

人の生活圏に深く入りこみ、都市環境に適応してきたのがスズメである。

スズメ、イエスズメ、ニュウナイスズメ

中村《なかむら》一《かず》恵《え》氏は、スズメの特徴を「シナントロープ（synanthrope）」と呼んでいる。[1] syn は「共に」、anthrope は「人」であり、「人と共に」生きる動物である。

ツバメは稲作の益鳥として人に愛され、スズメはイネを食す害鳥として駆除の対象にされた。この人との関係の違いが、ツバメとスズメの生態にも反映されている。人に追い払われながらも人との共存を選択したスズメにとって、地味な色彩、地味なさえずり、地味な行動こそが人との共存のために必要な戦術であった。

スズメはツバメのように人の手の届くところでは営巣しない。また通常は、人家から遠く離れた森の中では繁殖しない。ツバメよりは人から離れ、それでいて離れすぎない距離、それこそがスズメが人家周辺で繁殖する空間なのである。

ところで日本語で「スズメ」という場合、二つの意味がある。一つは種としてのスズメ *Passer montanus*、もう一つは、スズメ、イエスズメ、ニュウナイスズメなどのスズメ属の総称としての「スズメ」であり〔図1〕、スズメの仲間といった意味合いである。

スズメ属の鳥はアフリカを起源にして各地に分散し、現在、世界に26種知られている。その中でスズメとイエスズメは世界的に広く分布し、都市環境にも適応している。日本にはニュウナイスズメも生息しているが、分布は局所的であり、都市への進出は見られない。

スズメはヨーロッパからアジアまでのユーラシア大陸に広く分布し、稲作の行われているモンスーン地帯にも定着している。一方イエスズメはヨーロッパからインドにかけて自然分布し、20世紀以降はヨーロッパからの移民によって南北アメリカ、オーストラリア、アフリカ南部など世界各地に分布が拡大した。また、シベリア鉄道の建設に伴い極東にまで分布を拡大した。北海道や日本海側の島などにときどき飛来し利尻島《りしりとう》では繁殖した記録もある。

世界の穀倉地帯でイエスズメが生息していないのは日本や台湾、フィリピン、中国などの東アジアの一帯のみである。そこにいつイエスズメが進出してくるのか、あるいはこないのか、都市にも進出するのかどうか、注目されている。

2 スズメの食生活を読み解く

スズメの嘴と砂のう

スズメの「食生活」を支えているのは特徴的な嘴に負うところが大きい。「太く、短く、頑丈」な嘴を用いて、雑草や穀物などの硬い種子を難なく食べることができる。また、春〜夏の繁殖期には昆虫やクモなど動物質の餌を雛に与える。ドッグフードやキャットフード、あるいはパンやビスケットなどの人工食品をはじめ、生ゴミ、動物園や養鶏場の餌も失敬する。何でも食べる雑食性である。

スズメは体長14・5㎝と小さく、1回に食べる餌の量は少量である。都市環境の特徴の一つは、公園や空地、道路端などに多種多様な餌が少量、分散していることだ。スズメの雑食性や小さな体は食物が分散している都市で暮らすのに適している。

スズメは種子をよく食べる。種子は砂のうで小石と混ぜてすりつぶして消化吸収する。砂のうに含まれる小石について興味深い研究がある。キジやニワトリ、キジバトなど穀物をよく食べる鳥の砂のうには必ず小石が入っている。一方、昆虫食のアオゲラ（キッツキの仲間）、ミミズなどを主食とするトラツグミ、繁殖期に果実を主食とするアオバトなどの砂のうには小石がない。小石を必要としないのである。

ではスズメはどうだろうか。12羽のスズメを調べた研究によれば、小石がある個体は約40％、小石がない個体は約60％であった。(2)「スズメは雑食である」と一口でいうが、個体による砂のうの小石の有無は、食性の好みや季節的な偏りがあることを示唆しているのかもしれない。

［1］桜花を千切り蜜をなめるスズメ

［2］スズメが落とした桜花

スズメによる桜花の利用

春、桜の開花と共に話題になるのが桜花を千切って落とすスズメである。次々と花を千切るので、悪戯《いたずら》をしているようにも見える。しかし、注意して観察してみると、ただ千切って落とすのではなく、蜜のある花の基部を切断し、一瞬ではあるが蜜をなめてポイッと捨てている［写真1］。

メジロやヒヨドリは、ストローのような細長い嘴を花に差しこんで吸蜜する。吸蜜と引き換えに花粉を運ぶのでサクラとは相互に利益を分かち合う共生関係にある。これに対しスズメは、嘴が太く短いため花に差しこめない。そこで、基部を切って蜜をなめる。スズメの場合は吸蜜のみで花粉を運ばないので「盗蜜」である。何羽ものスズメが次々と花を千切っては落とすと、地面は桜花で埋めつくされてしまう［写真2］。ただし、全国のソメイヨシノは挿し木で増えたクローンであり、受粉しても自家不和合性のために果実をつけない。花粉が運ばれなくても実害はない。

ともあれ、春一斉に開花する桜は、昆虫や鳥にとっては大量に入手できる貴重な蜜源である。スズメやヒヨドリ、メジロなどが見逃すはずはあるまい。

［3］足の爪で花をしっかりと固定するシジュウカラ

［4］シジュウカラが吸蜜のために桜花の萼に開けた穴

桜花に集まる野鳥たち

桜花を切断して盗蜜するのはスズメだけではない。シジュウカラやワカケホンセイインコも花を千切り、蜜をなめる。ただし、盗蜜の流儀がスズメとはちょっと違っている。

シジュウカラはスズメよりちょっと小柄。嘴は錐《きり》のように尖《とが》り、頑丈である。桜花を千切り、足の爪《つめ》でしっかりと花を固定し［写真3］、嘴で萼《がく》の部分に小穴を開けて蜜を吸う［写真4］。

ワカケホンセイインコの体長は約40㎝。スズメ14・5㎝よりはるかに大きなインコの仲間である。ペットとしてスリランカやインドから移入したものが籠抜《かごぬ》けし、東京などの都市環境に定着し繁殖するようになった帰化鳥である。

ワカケホンセイインコは太くて曲がった独特の嘴で桜花を千切り、分厚い舌で挟んで潰して蜜を吸いとり、ポイと捨てる［写真5］。そのスピードはスズメやシジュウカラよりも速い。ソメイヨシノに先立って咲くカンヒザクラの花が大好物。集団で花を千切って落とすので、地面はたちまちピンク一色に染まってしまう。

［5］カンヒザクラの花を千切って蜜をなめるワカケホンセイインコ（東京都・上野公園）

餌台に飛来するスズメの生態を読み解く

人家周辺で暮らしているスズメの生態がどのようなものか、たまたま庭に設置した餌台で観察してみた。

１９８４年12月、庭に餌台を設置し、飛来するスズメを捕獲して１羽ごとに「足環」と「名前」をつけて放鳥した。飛来するスズメの足環を毎朝チェックし、名前を確認した。朝起きて給餌し、スズメの出席をとるのが日課となった。

１９８４年12月16日、最初の１羽を捕獲した。両足に赤い足環を取り付け「赤スズメ」と命名した［写真6］。その後、85年１月１日に１羽を捕獲、「元旦《がんたん》」と命名した。さらに86年４月〜９月に成鳥23羽、幼鳥19羽を捕獲。合計44羽のスズメを標識して放鳥した。

個体識別してスズメを観察してみると、スズメを見る目が一変し、観察の面白さが何十倍にも増した。「今日は三郎と四郎が一緒にきた」、「アトムと満開は仲が悪い」、「赤スズメが幼鳥２羽を連れてやってきた」など、スズメどうしの関係が少しずつ見えてきたのである。

［６］最初に捕獲し赤い足環をつけた「赤スズメ」

日本一長寿の「赤スズメ」

足環をつけて分かったことの一つが寿命である。成鳥25羽は、１年以内に12羽が消え、次の１年で10羽が消えた。３年にわたり餌台に来たのは「紅白」と「喧嘩《けんか》」、「赤スズメ」

の3羽のみとなった［図2］。

その後、「紅白」と「喧嘩」は4年目には来なくなり、残るは「赤スズメ」のみとなった。

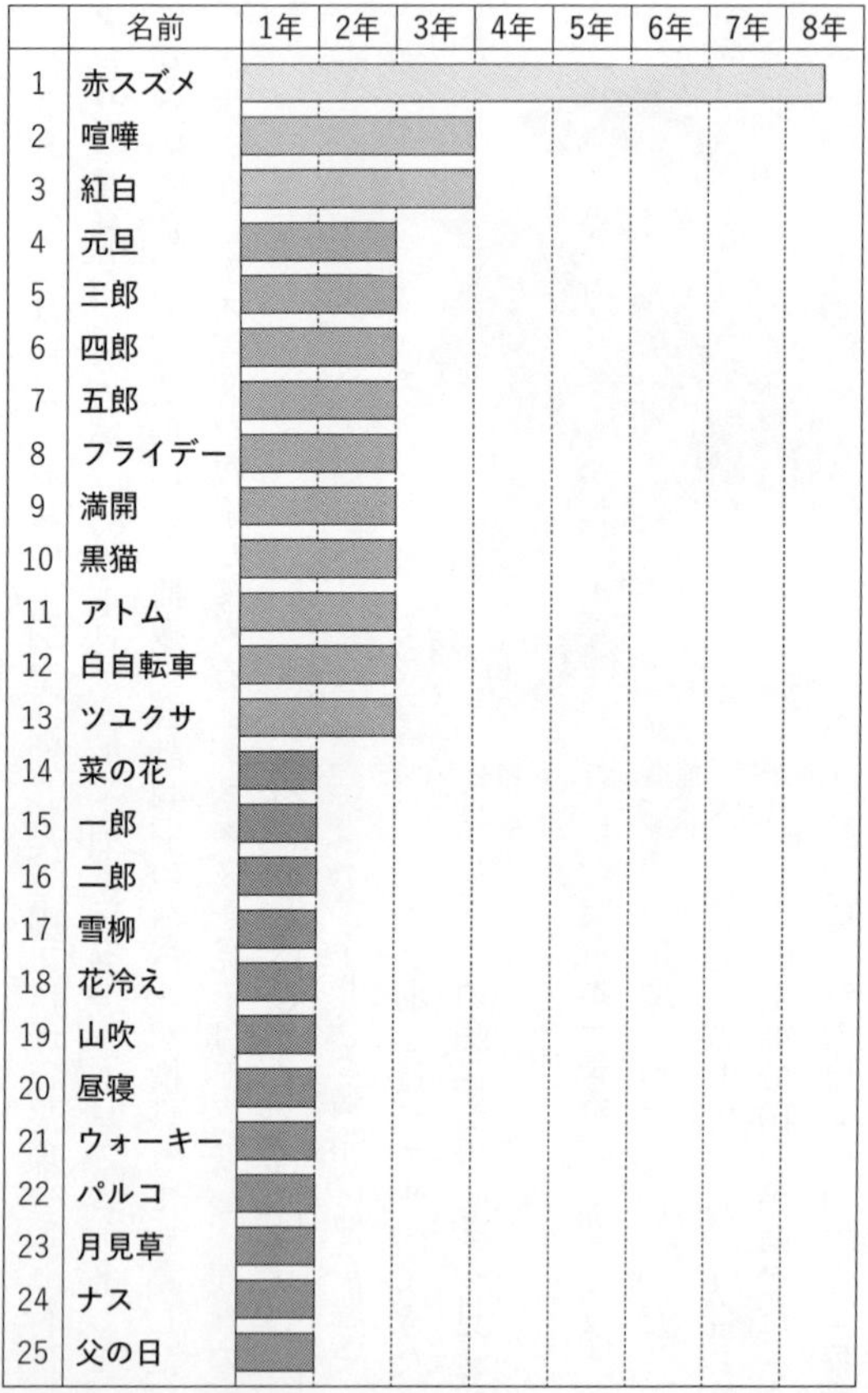

最長 7.5年　最短 1 年　平均 1.8年

［図 2］スズメの成鳥25羽が餌台に飛来した年月

1984年に足環をつけた「赤スズメ」は、85年5月には巣立った幼鳥2羽を連れてきて給餌するシーンを観察した。その後、86〜90年と記録を伸ばし、91年秋から年末には頻繁に飛来するようになった。そして92年1月1日、2日、3日と連日して餌台に飛来し、1月4日に姿を見せたのが最後になった。

「赤スズメ」は1984年の捕獲時には成鳥であったので、誕生したのは少なくとも前年（83年）春以前である。83年春（6月）に誕生したとして、92年1月まで生存していたので、寿命は少なくとも「8年半」と考えられる。山階鳥類研究所による鳥類標識調査によれば、スズメの「最長期間生存例」として「8年1ヵ月」の記録がある。[3]「赤スズメ」は最高齢記録を上回るほどの長寿であったことになる。

スズメの「群生相」と「定着相」

足環をつけたスズメのうち、幼鳥19羽の行動も興味深いものがある。19羽のすべてが秋までには餌台に飛来しなくなった。幼鳥たちは死亡したか、生まれ育った場所を離れて移動したかのどちらかである。

札幌市の北大植物園でも、標識した196羽の幼鳥のうち翌年同じ場所で繁殖したスズメはわずかに1羽（0・5％）であった。[4]

日本各地で次々と巣立っていく幼鳥は、地元に残るのは少なく、大部分は親元を離れて移動

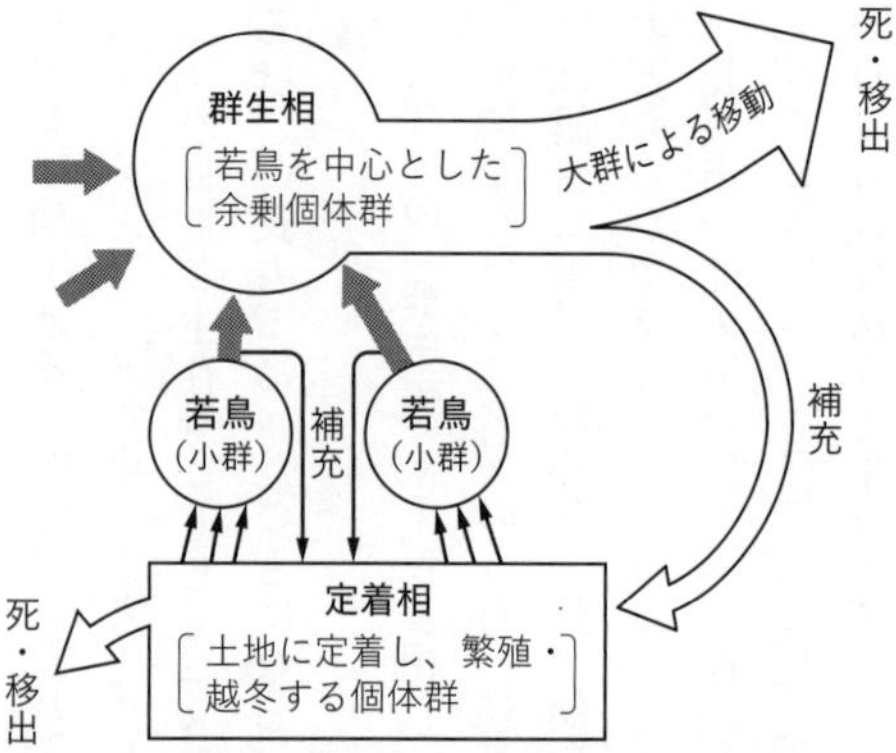

［図3］スズメにおける二つの生活相（唐沢，1989）

することが考えられる。巣立った幼鳥を観察してみると、親鳥に誘導されて空地や河川敷などに移動して家族で生活する。その後、幼鳥たちは親離れし、集まって群れ生活を送るようになる。7～8月になると、成長した若鳥や繁殖に参加しない非繁殖個体などが集まり数十羽から数百羽の大群を形成する。こうした群れの生活を「群生相」という。これに対し繁殖に参加するスズメは何年にもわたって市街地に留まって生活する。これを「定着相」という⑤［図3］。

群生相では、群れることによりいち早く天敵を発見し、大群によって天敵から身を守ろうとする。と同時に、大群は大量の餌を必要とするため、餌を求めて各地を移動する。大きな群れは猛禽類の標的になりやすく、台風などの暴風雨により大量死することもあり、翌春までに命を落とすことが多い（↓第4節参照）。

群生相では、群れ生活を送りながら各地を移動する。移動しながら子育ての新天地を開拓することもあるし、定着相の成鳥が死亡して空白となった縄張りを獲得することもある。群生相によって定着相は安定し、定着相が安定することによって若いスズメが生産され、群生相が活気づく。群生相と定着相は車の両輪のように互いに補強しあい、スズメの個体群を維持している。

3　スズメの「近所付き合い」

市街地と河川敷の鳥

餌台に飛来するスズメは、日々、どんな鳥とどんな付き合いをしているのだろうか。実は、スズメにとって「近所付き合い」は生き残るうえで重要な戦略の一つである。

まずは、我が家の周辺には、どんな鳥が何羽くらい生息しているのかを調べてみた。自宅を中心に「市街地」と「江戸川河川敷」との異なった二つの環境で鳥類調査を実施した。日の出と同時に家を出発。江戸川までの市街地を約1km、江戸川土手に沿って約1km、合計約2kmを調査コースとし、左右50m幅に出現する鳥の種類と羽数をカウントした。

2012年10月〜2015年10月までの3年間（調査日数は計678日）に観察した鳥種は市街地で36種、河川敷で84種、全体では84種類。カウントした羽数の合計は46万8212羽となった。予想以上に種数も個体数も多いという印象を受けた。

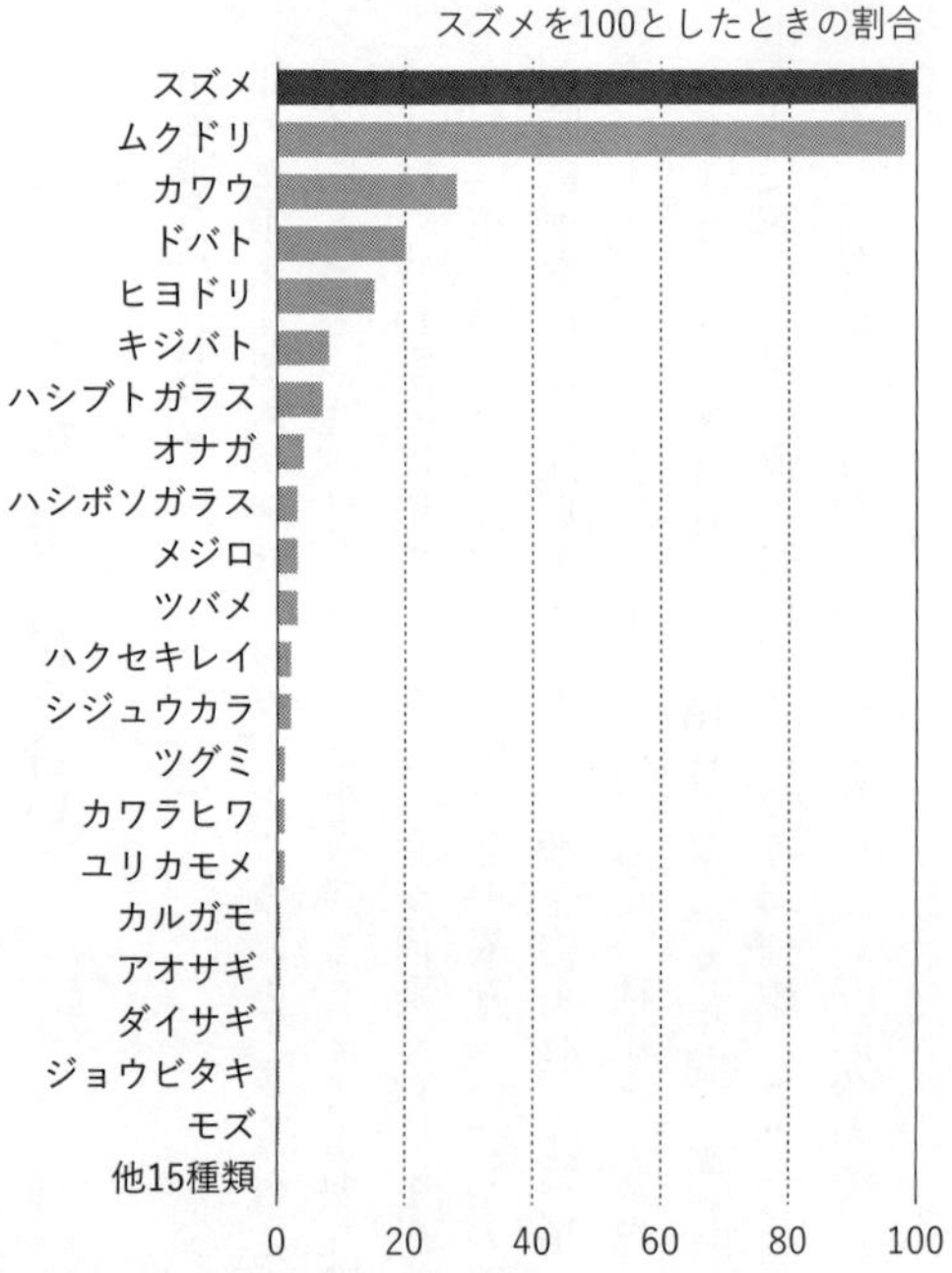

［図4］市街地の鳥類の観察個体数

スズメ一番、ムクドリ二番

調査した市街地は、緑の少ない平凡な市街地である。カウントした個体数は、スズメとムクドリが断トツに多かった。各月の上旬、中旬、下旬で、それぞれの最大値のみを合計し、スズメを100とした場合の割合で比較したのが図4である。個体数の第1位はスズメ91775羽、第2位ムクドリ89770羽であり、第3位以下はカワウ、ドバト、ヒヨドリ、キジバト、ハシブトガラス、オナガ、ハシボソガラス、メジロ、ツバメと続いた。これらが我が家の周辺に生息する主な都市鳥である。

また、調査した678日の出現率（観察頻度）を示したのが図5である。出現率はスズメ1

００％、ムクドリ99・7％であり、50％以上はドバト、キジバト、ハシボソガラス、ハシブトガラス、ヒヨドリの計7種であった。個体数が多く、しかも出現率が高いのはスズメとムクドリの2種類である。ついでドバト、キジバト、ハシボソガラス、ハシブトガラス、ヒヨドリの5種となる。スズメが日々の暮らしの中で顔を合わせている主な鳥は、スズメを含めてこれら7種である。また、要注意なのはハシブトガラスとハシボソガラスである。個体数は少ないが出現率が高い。数羽のカラスが定着しており、いつも小鳥たちを狙う油断ならぬ捕食者なのである。

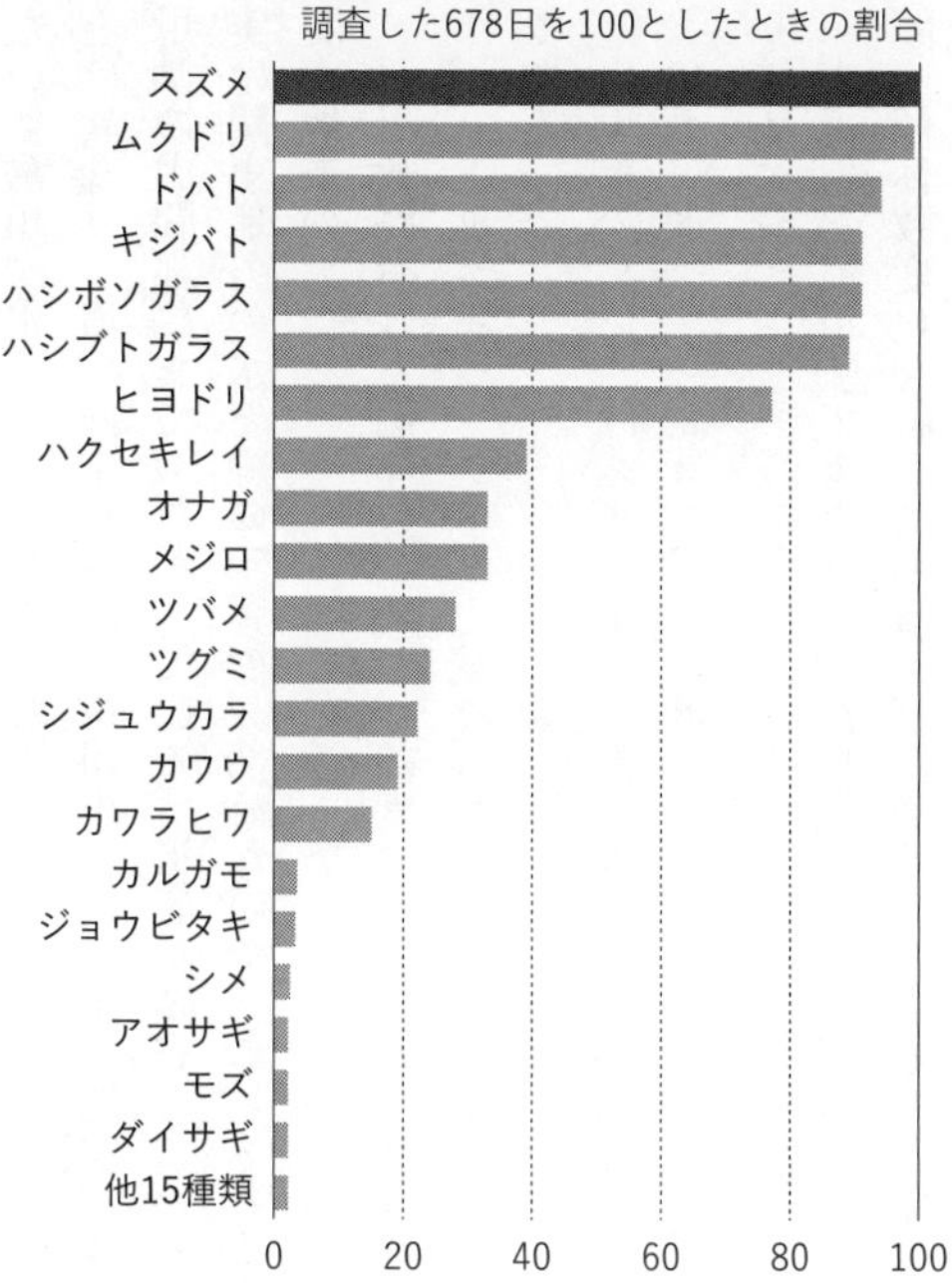

［図5］市街地の鳥類の観察頻度

河川敷に接している市街地

河川敷では84種類の鳥類を記録した。市街地では見られない猛禽類や水鳥類、草原の鳥などが含まれる。河川敷は市街地に孤立して分散している公園とは異なり、河口の東京湾から市川市、松戸《まつど》市、関宿《せきやど》を経て利根川《とねがわ》につながり、埼玉県から群馬県の山間部にまでつながっている。筆者が調査している河川敷はわずか1㎞にすぎないが、実は関東地方の水と緑の回廊の一部分なのである。その意味で、河川敷に接している市街地は、関東地方の大自然とつながっているといってもよいだろう。

河川敷における個体数のトップはカワウの2万1205羽。2位はスズメ2万874羽。以下、ヒドリガモ、ムクドリと続く。ウミネコ、オオバンなどの水鳥が多いことも河川敷の特徴である。

出現率の高いのはスズメ100%、ムクドリ99%であり、出現率90%以上はドバト、ハクセキレイ、ハシブトガラス、ハシボソガラス、ヒヨドリなどであり、市街地と共通する種類が多いことに気づく。

市街地と河川敷でカウントした鳥類の中から、スズメの個体数のみに注目してみよう。1年間の個体数変化を調べてみると、市街地と河川敷の個体数が、互いに関連しながら変化していることが読み取れる［図6］。

市街地では年間を通してほぼ80〜100羽が維持されており、大きな変化が見られない。これに対し河川敷では、繁殖期が終わる8月上旬から急増し9月下旬にピーク（350羽）に達している。市街地で巣立った幼鳥が河川敷へ移動したことが考えられる。その後、河川敷では

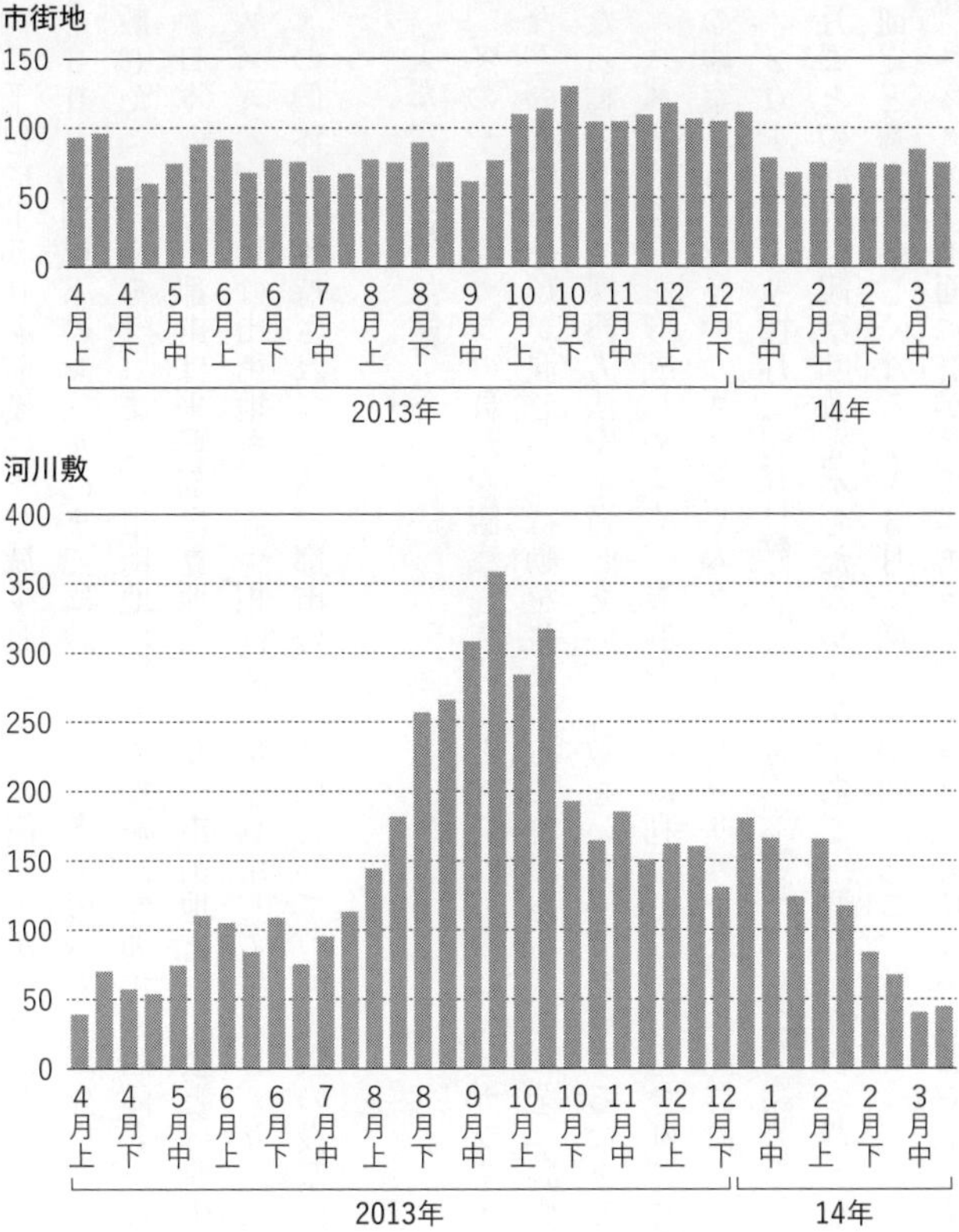

［図6］市街地と河川敷におけるスズメの個体数の季節変化（2013年4月～14年3月）

10月下旬に150羽前後にまで減少し、さらに餌不足が深刻になる2月下旬から3月にかけて100〜50羽以下のレベルにまでに減少した。多くのスズメが死亡し、河川敷から移動して分散したことであろう。また、市街地に戻って繁殖に参加する個体もいるであろう。

日本の多くの都市は平野部に立地しており、市街地と河川敷とは背中合わせに隣接している。スズメの定着相は市街地を、群生相は河川敷を利用して生活し、互いに移動し補完しつつスズメの個体群が維持されている。都市のスズメにとって、河川敷の役割は大きなものがある。

人だかり効果と混群

冬のシジュウカラの群れを観察していると、群れの中にヤマガラやエナガ、コゲラ、メジロなどの異なる種類が混じって行動を共にすることがある。これを「混群《こんぐん》」という。混群には異なる種どうしで採餌方法を学習しあい、天敵をいち早く発見するなどのメリットがある。

スズメは混群を形成しやすく、混群を巧みに利用しながら生き延びている。江戸川河川敷での観察から、越冬中のスズメやムクドリ、ヒドリガモなどの混群について紹介してみよう。

2016年1〜12月（調査日数は91日）の鳥類調査で、混群を観察したのは169回である。月ごとの混群の観察回数を示したのが図7である。混群は食物の豊かな5〜7月には少なく、飢えと寒さが厳しくなる1〜3月に増える傾向がある。

スズメは、地面に群がって「チュン、チュン」鳴きながら賑やかに採餌する。鳴き声を聞いた他のスズメが集まってくる。群れが大きくなるほど鳴く声は大きくなり、より遠くのスズメが集まってくる。大きな群れはさらに大きくなりやすい。店の前に人だかりができると、さらに人が集まってくる。これを「人だかり効果」と呼ぶことにする。

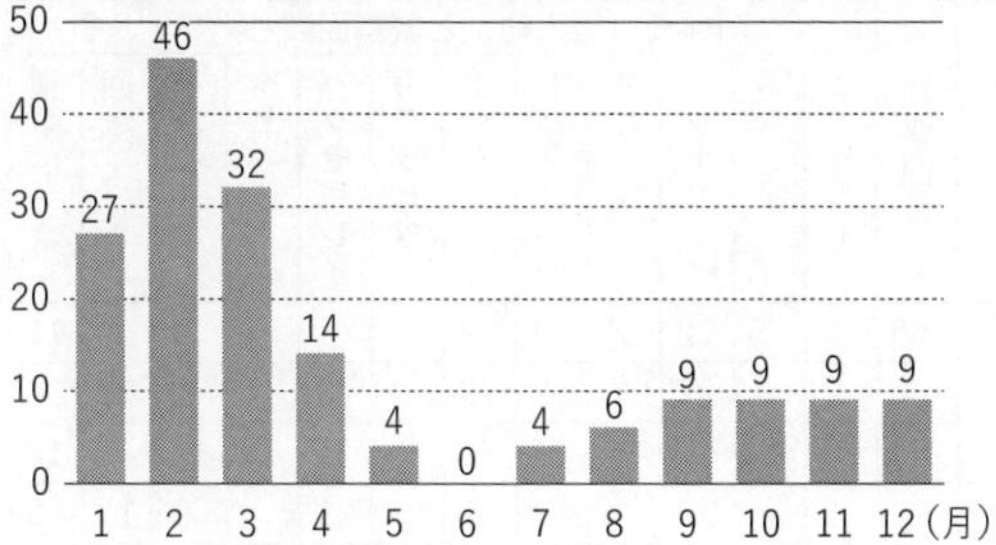

［図７］混群の観察回数の季節的な変化

スズメにも「人だかり効果」がある。しかも、その効果はスズメ以外のムクドリやツグミなどにも作用し「混群」が形成される。

混群により食物を発見しやすくなり、天敵に対する安全性も高まってくる。では、混群を組みやすい相手があるのだろうか。混群の中で個体数が最も多い種を「中核種（優占種）」という。中核種の群れに誘引されて潜入する種を「随伴種（潜入種）」という。河川敷で調査した混群で、中核種と随伴種の関係を一覧表にしたのが表１である。混群の中核種として最も多く観察したのはヒドリガモの53回。ついでスズメ40回、ムクドリ37回、オオバン13回であった。

興味深いのは、河川敷で最も個体数の多いスズメとムクドリは、中核種として他の鳥を受け入れると共に、他の鳥の群れに随伴種として潜入しやすいのである。スズメはムクドリの群れ

中核種		観察回数	随伴種（潜入種）と観察回数										計	
			ヒドリガモ	スズメ	ムクドリ	オオバン	ドバト	ツグミ	カワラヒワ	ハクセキレイ	タヒバリ	その他	回数	種数
1	ヒドリガモ	53		5	22	34	3	9		1	1	4	79	11
2	スズメ	40			27		2	13		3		2	47	6
3	ムクドリ	37		23		1	4	6		1	4	4	43	10
4	オオバン	13	5		3			1		1		1	11	5
5	ドバト	7		3	5			3				1	12	4
6	ツグミ	7		1	2				3			1	7	4
7	カワラヒワ	4		2	1			1			1	1	6	5
8	ハクセキレイ	0											0	0
9	タヒバリ	0											0	0
	その他	8						1		1		6	8	8
	計	169	5	34	60	35	9	34	3	7	6	20		

［表１］河川敷で観察した混群の中核種と随伴種の関係（2016年１～12月）

に23回潜入し、ムクドリはスズメの群れに27回潜入している。互いに潜入して混群を形成しているのだ［口絵7］。スズメとムクドリは一緒に採餌することにより、群れは大きくなり、さらに「人だかり効果」を高めることになる。ただし、危険が迫ったとき、混群は一斉に飛び立ち、それぞれの種が別方向に飛んでいく。混群の結束は弱く緩やかであり、採餌のときのごく一時的な結びつきにすぎない。

4　スズメのねぐらを探る

集団ねぐらと単独ねぐら

スズメは夜をどこでどう過ごすのだろうか。スズメにとってねぐらは、食物や繁殖と同じくらい重要である。

「スズメのねぐら」といえば、昔から竹藪《たけやぶ》や駅前の街路樹などが知られている。夕方、たくさんのスズメが集まり大声で鳴きあっている。数百羽、数千羽が集まって夜を過ごすので「集団ねぐら」という。スズメの他にツバメ（第2章）、カラス（第5章）、ムクドリ、ハクセキレイ、ワカケホンセイインコ、トビなど多くの都市鳥で集団ねぐらが知られている。スズメの集団ねぐらは木の枝や電線、建物の外壁などを利用し、風雨に晒《さら》されているので「外ねぐら」という。

一方、街中で繁殖するスズメは、屋根の隙間、樹洞、巣箱、電柱の腕金（トランスを支える中空の角材）などに1羽で潜り込んで夜を過ごす。1羽なので「単独ねぐら」といい、内部に潜るので「内ねぐら」である。スズメの他にシジュウカラやコゲラ（キツツキ科）も内ねぐらである。内ねぐらは風雨を防ぎ、保温性に優れ、天敵に発見されにくい。ただし数には限りがある。

スズメの集団ねぐら

筆者は2012年から2014年の3年間、総武線市川駅近くのビルの谷間でスズメの集団ねぐらを調査した。夕方、ねぐらに集まってくる羽数を月3回のペースでカウントした。スズメの個体数は市街地で雛が巣立つ6～7月ころから増加し、8～9月には7000～8000羽に達した。10月以降は減少し、ケヤキの葉が落ちる12月には数十羽に、2～3月には十数羽になった。

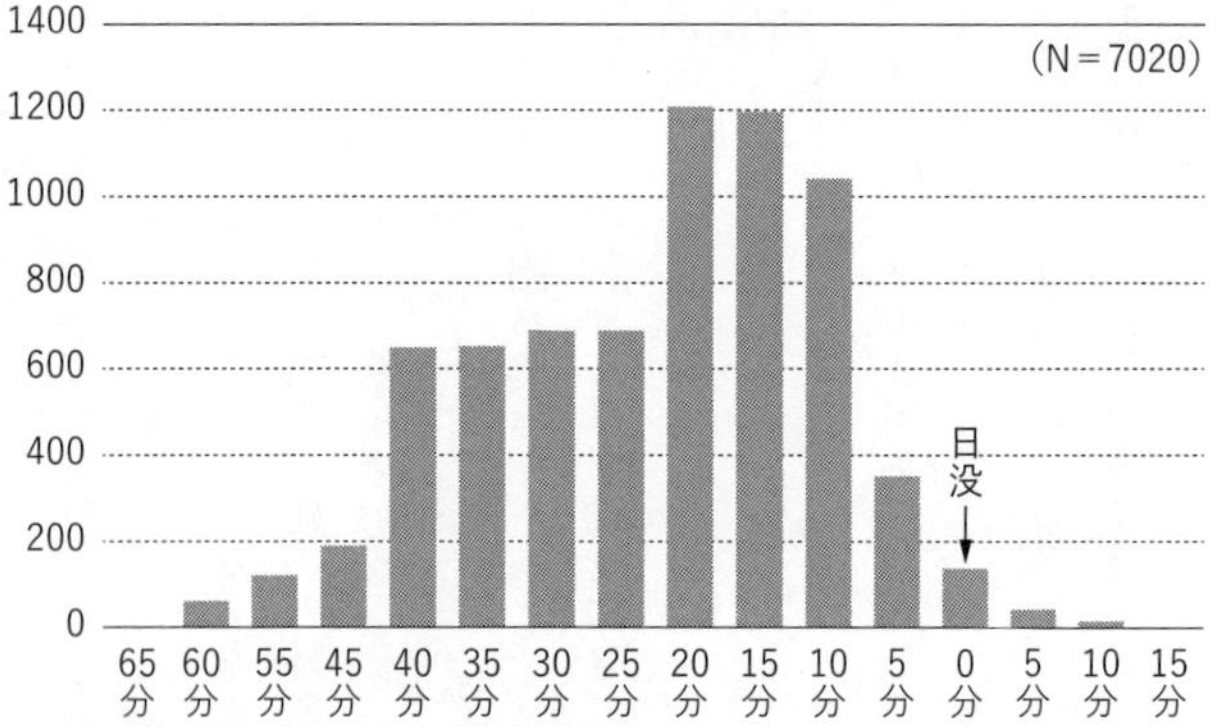

＊日没65分前より５分ごとの羽数を示した

［図８］2013年９月12日のスズメのねぐら入り羽数

８〜９月の集団ねぐらでは、ねぐら入りのシーンは実に賑やかで迫力がある。２０１３年９月12日のねぐら入りの事例を紹介してみよう。

スズメは、日中は市川市北部の農耕地や川の土手で大小の群れに分かれて採餌している。夕方、市川駅近くのねぐらに戻ってくる。飛来コースはほぼ毎日決まっている。数羽から数十羽がひと塊《かたまり》の群れになり、住宅地を飛び千葉街道を飛び越えて銀行とデパートの間の路地へと入りケヤキの茂みに潜り込む。羽数を数えるのは千葉街道を飛び越えるときに行った。見通しがよく数えやすいのだ。

９月12日の日没は17時52分。その１時間前ころに最初の16羽の群れが飛来。日没の40〜25分前に急増し、５分間ごとに集計した羽数が６００羽を超える。日没20〜10分前がピークとなり５分間で１０００〜１２００羽に達した。20羽、30羽の群れが続々と飛来し、群れは川の流れのようにケヤキの小枝に飛び込んでくる［図8］。

スズメの群れを狙って猛禽のチョウゲンボウが飛来することもある。銀行の窓ガラスに衝突し、ふらふらっと落下してくるスズメもいる。すかさずハシブトガラスがビルの屋上から舞い降り、嘴でくわえて屋上へと運んでいく。

「チュンチュン」という鳴き声がビルの谷間に響きわたり、人の会話が聞き取れないほどの賑わいが続く。が、日没からわずか5分もするとねぐら入りは終了し、日没10分後には何事もなかったかのようにすっかり静まりかえってしまう。

スズメの単独ねぐらを探す

市街地で繁殖するスズメは、屋根の隙間やパイプの中などに潜って単独でねぐらをとる。しかし、単独ねぐらを見つけるのは容易ではない。ねぐら入りしてしまうと外からは姿が全く見えないからだ。ねぐらに飛び込む瞬間を確認しなければならない。

２０１３年10月、自宅周辺で単独ねぐらを探したときの様子を紹介してみよう。日中、市街地のスズメは空地などで小さな群れで生活し、夕方には思い思いのねぐらへと戻ってくる。日没前には、いつも同じ屋根や電柱に止まる。どこかに飛び込むはずだが、それが分からない。チュンチュンと賑やかに鳴きながら電線やトランスなどを行き来し、ふいっと姿を消してしまう。何日かスズメを観察し、ようやく屋根裏や腕金などに飛び込むシーンを見つけることがで

［7］早朝、腕金から顔を出してあたりを警戒するスズメ（円内）

きた。

一度ねぐらを突き止めてしまえば、ほぼ毎夜同じ場所を利用するので観察しやすくなる。次の課題は、翌朝、同じ場所から飛び出てくるかどうかの確認である。夜中に別の場所に移動するかもしれないからである。

自宅前の電柱で、前の晩にねぐら入りするのを確認し、翌朝にねぐらから飛び出るシーンを確認することにした。日の出前に起床し、腕金から飛び出るのをひたすら待つことにした。人の視点というものは、点々とあちこちに飛んでしまい、腕金の出入口の一点を凝視し続けるのがいかに難しいかを思い知らされた。

日の出の12～13分前、腕金の入口の奥にわずかに動くものが見える。スズメの嘴や顔が見えてきたのだ［写真7］。外の様子を警戒し、一気に隣家の庭木の茂みに飛び込んで姿が消えた。

飛び出るときはほんの一瞬である。腕金から目を離すわけにはいかない。ご近所の人から「お早うございます」と声をかけられたが振り向くわけにはいかない。朝の挨拶《あいさつ》をしている余裕がないのだ。これでは不審者、変人扱いされても致し方あるまい。駐車している車の陰に隠れ、じっと電柱を見上げている。「すみません、何をされているんですか？」と小声で近づいてきた男性がいた。「スズメのねぐらを調べています」と答えると、安堵《あんど》した様子で引き返していった。警察に相談したものか、迷っていたとのことであった。

さらに単独ねぐらを探す

電柱の腕金に注目して単独ねぐらを調べてみた。自宅から江戸川までには33本の電柱があり、鳥類調査のために通し番号をつけてある。1番が自宅前の電柱であり、10番まで単独ねぐらの有無をチェックしてみた。なんと7ヵ所（70％）で単独ねぐらが見つかった。

ねぐら入りの時刻は、集団ねぐらでは日没の20～30分前がピークであった。ところが、単独ねぐらでは、日没の約8分後であった。単独ねぐらの場合は、すぐにねぐらに入らず、薄暗くなってから飛び込む。ねぐら入りは実に慎重である。出入口は狭く、天敵に見つけられると逃げ場がないからであろう。

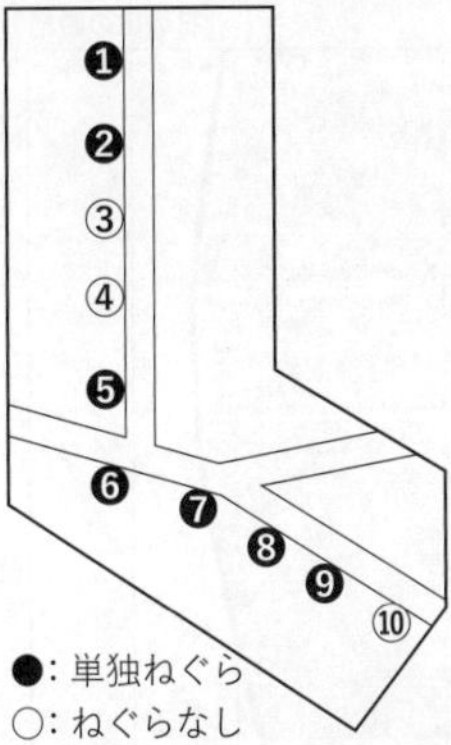

［図9］腕金で単独ねぐらをとったスズメの分布

電柱の1番と2番でねぐらをとるスズメは、いつも連れ立って2羽で戻ってくる。1羽が先に戻った場合は、もう1羽が戻るのを屋根に止まって待っている。2羽が揃《そろ》うと2番の電柱に移動して1羽がね

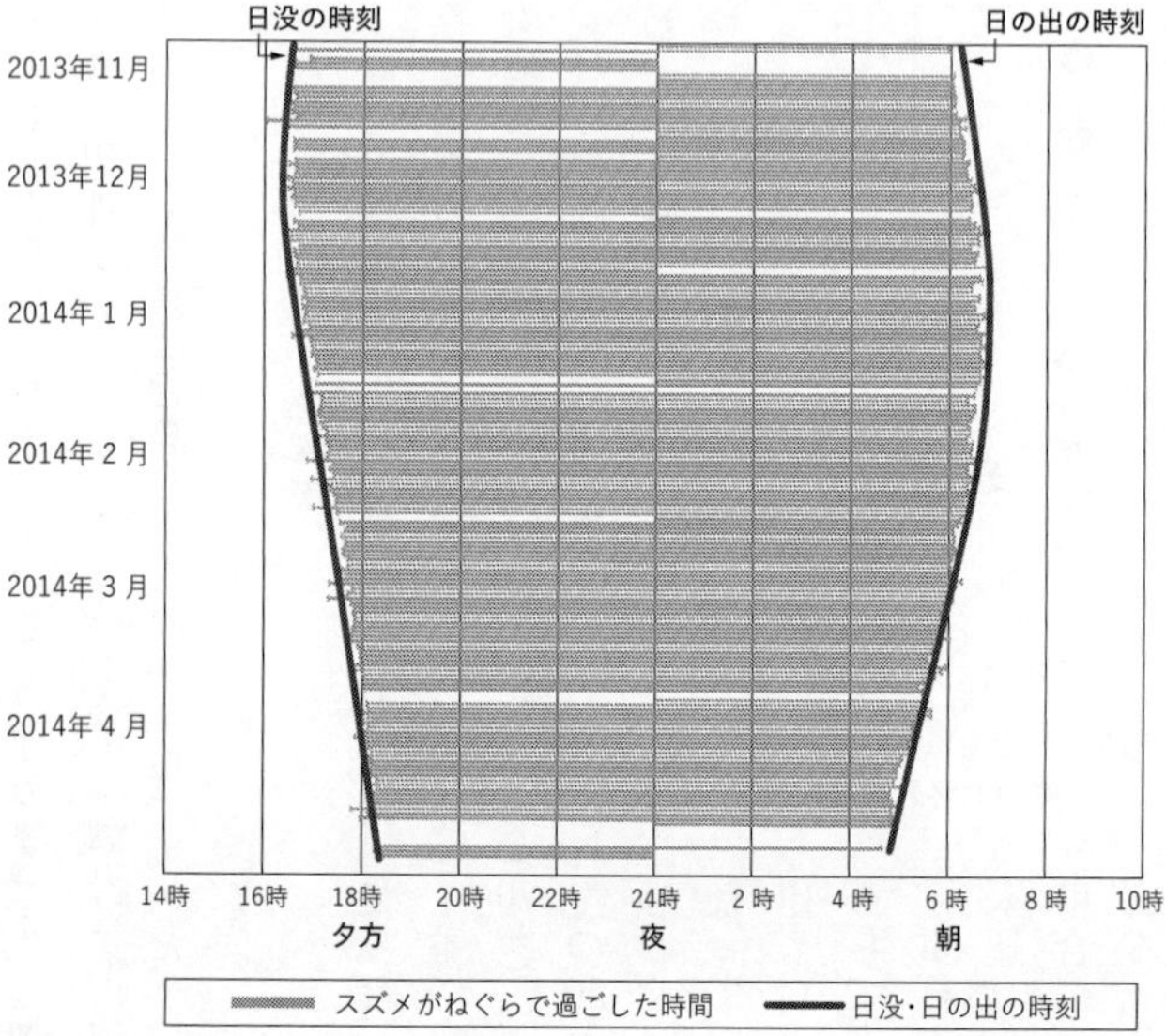

［図10］スズメの単独ねぐらにおける就寝時間の季節変化（唐沢，2018）

ぐら入りする。そのねぐら入りを確かめるかのようにしてもう1羽が電柱1番に移動してねぐら入りする。おそらくこの2羽はつがいであろう、と予想しているのだが確証はない。

太陽と共に暮らすスズメ

2013年11月～14年4月、2014年11月～15年4月の2シーズンにわたり、自宅前の電柱でスズメのねぐら入りと翌朝のねぐら出の時刻を調査した。夜間の就寝時間を調べてみたのだ。

朝と夕の2回、スズメの出入りの時刻をチェックしてみると、スズメの一日の生活のリズムが太陽と共にあることが分かる。日の出と共に活動を開始し、日没と共に一日を終える。晴天の日には日の出の12〜13分前に起床（ねぐら出）し、日没の約8分後にねぐら入り（就寝）する。実に規則正しい生活である。

スズメの就寝時間をグラフにしてみると、冬は長く春が近づくにつれて短くなる［図10］。冬季（12〜1月）の平均就寝時間は14時間であり、3〜4月の平均就寝時間は10時間40分であった。真冬に比べて3時間20分も就寝時間が短縮したことになる[6]。

一日の活動の開始や終了は、日の出や日没の時刻に関係している。また、雨天や曇天の日は早くねぐら入りし、ねぐら出は遅くなる傾向が見られた。こうした太陽のもとで暮らすスズメの生活は、日の出と日没を基準にして時刻を定めた「不定時法」が採用されていた江戸時代の人々の暮らしによく似ている。

5　スズメの「お目こぼし繁殖」

巣箱の巣穴、地上高

スズメの繁殖は樹洞性である。屋根の隙間、換気扇の排気口、樹洞、電柱の腕金、巣箱など、狭い閉鎖空間の中で行われる。外から巣は見えない。安全で保温性にも優れている。ただし、条件のいい巣穴が少ないのが悩みの種である。営巣場所をめぐってスズメどうしの争いが絶えず、体の大きなムクドリに巣を奪われることもある。

都会で巣箱を架けるとスズメがよく利用する。スズメの他にシジュウカラ、ムクドリも利用する。巣箱をめぐる3種類の鳥の争奪戦が始まる。体のサイズはシジュウカラ、スズメ、ムクドリの順に大きく、大きい鳥が力ずくで巣を奪おうとする。そのときに重要になるのが巣穴のサイズである。一般には直径28㎜ではシジュウカラが、直径30㎜ではスズメが営巣するとされている。筆者もそう信じていた。

ところが、飯田知彦《いいだともひこ》著『巣箱づくりから自然保護へ』によれば、「直径28㎜でもスズメは出入り不可能ではない」、「無理すれば出入り可能だ」という。シジュウカラ用の巣箱の口径を28㎜としたのは「それまでの建物は隙間が多く営巣場所には困らなかった。無理してまで狭い巣穴の巣箱を使う必要がなかった」というのが飯田氏の見解である。

また、巣箱を架ける高さも重要である。「地上2m以下に架けるとシジュウカラが、2m以上に架けるとスズメが繁殖する」(7)という。2m以下ではなぜシジュウカラなのだろうか。日本人が手を伸ばしたときの高さがほぼ2mであり、スズメは人を警戒するため2m以下での繁殖を避ける、という飯田氏の見解には説得力がある。

このようにシジュウカラやスズメの繁殖は人の存在が関与している。森林に生息する昆虫食のシジュウカラは林業に役立つ益鳥として保護の対象とされ、穀物を食べるスズメは害鳥として追い払われてきた。こうした「人、シジュウカラ、スズメの三者の関係」が今なお巣箱を利用する高さに影響しているところが実に興味深い。

スズメの住宅難

スズメのような樹洞性の鳥はもともと営巣場所が不足しがちである。しかも、最近の新築物件はスズメが潜り込めるような隙間は全く見当たらない。そこでスズメが目をつけたのがツバメの巣であり、電柱の腕金である。

ツバメは、飛翔能力ではスズメをはるかに上回るものの、地上や藪の中などの狭い空間では圧倒的にスズメが優位である。巣の中に藁などの巣材を詰め込まれるとツバメは身動きできなくなる［↓第２章写真４］。

スズメとツバメは人家やビルなどで繁殖する。しかし、営巣場所は全く異なる。ツバメは人の手が届くような軒下や屋内の壁面で繁殖するが、スズメは手の届かない高所の屋根裏か、見つかりにくい建物の隙間などである。ツバメは人に接近することによりカラスからの捕食やスズメによる巣の乗っ取りを防ごうとする。スズメは、人に接近し過ぎず、さりとて離れ過ぎもせず、つかず離れずの距離を微妙に保っている。人家をめぐる「人、ツバメ、スズメの三者の関係」は、巣箱を架けるときの地上高の「人、シジュウカラ、スズメの三者の関係」とよく似ている。いずれも重要なのは人との関係であり、人との社会的距離である。

古い家と腕金への依存

筆者が実施している自宅から江戸川までの市街地での鳥類調査で、スズメの営巣場所を調べてみた。スズメの巣は外から見えないので、親鳥が巣材や雛への餌をくわえて出入りするシーンや雛の鳴き声などを手掛かりにして探すことになる。

2012年10月〜2018年11月の6年間にスズメの営巣場所を合計85ヵ所見つけた。古い建物の瓦屋根の隙間（49％）と電柱の腕金（42％）とでほぼ9割を占めた。その他はマンション外壁の文字盤（4％）、一方通行の道路標識のパイプ（4％）などがある。

スズメが繁殖した瓦屋根の建物は木造の民家とアパートがほぼ半々であった。いずれも築50年以上、屋根の隙間がよく目立つ家である。特にK家とS家の屋根は隙間が多く、スズメにとっては理想的な家であり、それぞれ6ヵ所で営巣していた。

ところが、ここ数年、古い建物が改築で取り壊されるようになった。K家ではリフォームによって屋根の隙間を塞《ふさ》いでしまった。営巣場所を失ったスズメたちは残された古い家に移って繁殖するため巣は特定の建物にますます集中してしまうことになる。

腕金で繁殖するスズメ

市街地のスズメにとって腕金は、ねぐらとしても繁殖場所としてもますます重要になってきた。しかし、決して快適な営巣場所とはいえない。内径約7㎝の中空の角柱なので出入りはできても狭すぎる。また、金属製なので夏の直射日光を受けると内部は灼熱《しゃくねつ》地獄である。しかも、電力会社にとってスズメの繁殖は歓迎できない事情がある。スズメの繁殖が停電事故を誘発してしまうからである。

［８］出入口を塞がれた腕金（円内）。反対側から出入りするスズメ（矢印）

腕金でスズメが繁殖すると卵や雛を狙ってアオダイショウがのぼってくる。細長いヘビが電線に絡みついて停電事故を起こすのだ。電柱は太すぎてヘビはのぼれないが、電柱を支える支線を這《は》い上がる。電力会社としては、支線にお碗型や傘型の「ヘビ返し」（クライミングバリアー）を取り付けて防ごうとするのだが、それでもヘビはのぼってくる。

スズメを繁殖させない方法として考えられたのが腕金の出入口を塞ぐことだ［写真８］。これでスズメは繁殖できなくなるはずである。ところが、腕金は両端が開いている。塞いだのは外側のみ。有り難いことにもう一方からは出入り可能である。

人のやることには完璧《かんぺき》ということはない。目の届かないこともある。あるいは、そこまで徹底してやる必要の

［9］ヨモギの葉を千切って巣に運ぶスズメ（江戸川河川敷）

ないことも多い。そうしたわずかな隙間に潜り込んで繁殖するのがスズメである。岩《いわ》田《た》好《よし》宏《ひろ》氏は、人の見落としや気づいても許容できるわずかな空間や食物などを「お目こぼし」と呼んでいる。たまたま塞がれなかった腕金、除草しきれなかった雑草などは、まさに「お目こぼし」であり、都市のいたるところに転がっている。スズメが都市環境で何とか生き延びられるのは、こうしたお目こぼしによるところが大きい。

緑葉を巣に運ぶスズメ

スズメの繁殖で興味深い行動がある。巣に緑の葉を運び込む習性である。それも乾燥した枯れ草ではなく、新鮮な緑の葉を千切って運び込むのだ。これまでに筆者が観察したのはエノコログサ、ヨモギ、イロハモミジなどである。

スズメの巣材は主に雑草の枯れた葉や茎、根などであり、産座には鳥の羽、毛繕いしたときの犬の毛、獣毛などを用いる。巣材の獣毛などと一緒に緑の葉を運び込むので、巣材の一部の可能性がある。しかし、子育ての時期にも緑の葉を搬入する。わざわざ生の葉を千切って運び込むのには何か意味があるにちがいない。

たまたまスズメがヨモギの葉を千切っているところを観察した［写真9］。ヨモギにはシネオール（ユーカリに多い精油成分）が含まれ、バクテリアや寄生虫、昆虫などの成長や増殖を抑える作用がある。オオタカやハイタカ、ツミなどのタカ類が巣にヒノキやサワラなどの小枝を敷いて巣内の殺菌を行うのと同じ役割があるのではないだろうか。

スズメのケージ内繁殖

富山県の大田保文《おおたやすふみ》氏は、狭いケージ内でスズメを飼育して繁殖に成功した。著書『スズメのケージ内繁殖とその発展』(8)は、大田氏の長年の研究の集大成であり、フィールドでは観察できない飼育下でのスズメの生態を明らかにした。

ケージ内繁殖でも、産卵数は4～7個、卵のサイズは19×14㎜、抱卵日数は12日、繁殖回数は1年に2～3回であり、自然繁殖とほぼ変わらないことが明らかになった。ケージ内繁殖の方法を確立したことの意義は、大きく二つ挙げられる。一つは、野外では分からなかった繁殖生態を室内でつぶさに観察できること。そしてもう一つは、様々な条件の下で繁殖させてスズメの生態を研究できることである。

例えば、「スズメが桜花を食べる行動」が学習によるものか、遺伝的、生得的なものかを実験的に調べることができる。飼育下で誕生し桜花を一度も見たことのないスズメと、桜花を見たことのある野生のつがいとで飼育実験を行う。その結果、生まれながら桜花を一度も見たことも食べたこともないスズメでも桜花を千切り、蜜をなめることを突き止めることができた。スズメが花を千切って蜜をなめる行動は生得的に備わった行動であることが証明されたのである（↓80頁「スズメによる桜花の利用」）。

さらに興味深い実験は、「スズメの樹上営巣」である。ケージ内にジュウシマツ用の球状の巣を入れてやるとスズメはそこで繁殖する。巣を取り除き、巣材のシュロを入れ、小枝を切ってくりつけると、小枝にシュロをからめつけて球状の巣を作ったのだ。スズメは、樹木の枝に球状の巣を作る能力を生得的に持っていたことになる。

スズメはハタオリドリ科の鳥であり、そのルーツはアフリカのサバンナといわれている。サバンナではハタオリドリの仲間が樹木の枝にたくさんの巣をぶら下げて集団繁殖している。日本でも稀に樹上営巣するのは、遠い昔のサバンナ時代の習性が甦《よみがえ》ったのであろう。

ヒューストン空港のイエスズメ

筆者は空港の建物内で繁殖するイエスズメを観察したことがある。(9)

２００４年５月１日、アメリカのヒューストン空港を経由してコスタリカへ野鳥観察のツアーに出かけたときのことである。空港内で数羽のイエスズメを見つけた。イエスズメがいたのは出発便ロビーの広い待合室である。大勢の人が出発便を待っているところがあり［写真10］、

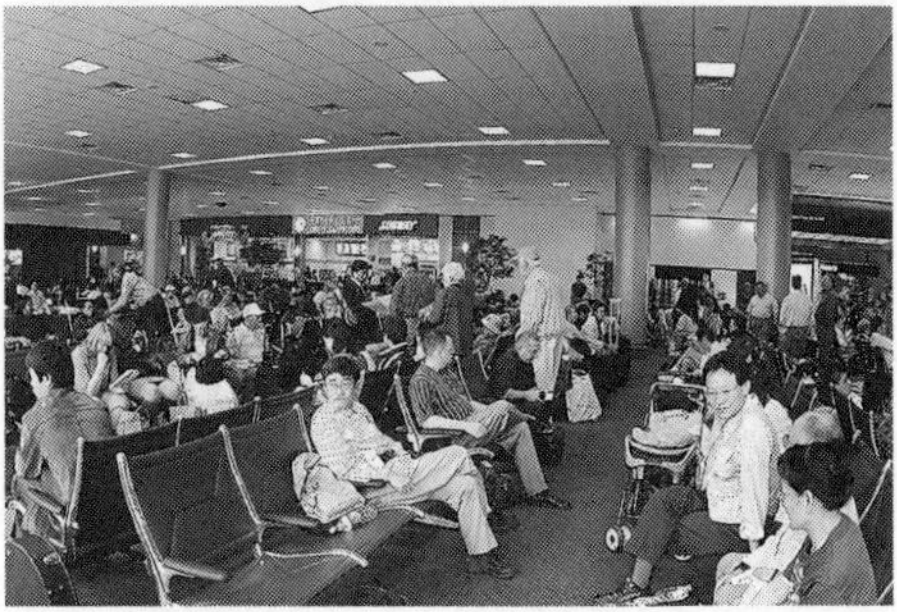

［10］イエスズメが繁殖していた出発ロビー（ヒューストン空港）

隣には便が出発したために人が全くいない椅子《いす》だけのところもある。幅25m、長さ100mほどの広い空間である。通路を挟んでトイレ、飲水器、店舗などが並び、コーヒーショップや軽食の店、免税店などもあり、小さな町の一角のような雰囲気である。

最初は、窓から飛び込んで出られなくなったのかと思った。ところが、ガラス張りの窓は開閉できないし、出発便ロビーがあるのは建物の2階であり、1階の自動ドアをすり抜けて入ってくるとはとても考えられない。

注意して観察してみると雄もいれば雌もいる、幼鳥も混じっている。計5羽を数えた。イエスズメたちは窓ガラスにぶつかることもない。外に逃げようとしないのだ。ロビーの座席のあちこちに降りて何かをつついて食べている。乗客の一人がパンのかけらを投げると、足元に近づいて食べる。あたかも街中や公園で暮らしているかのような振る舞いである。

1羽が飛び立ってトイレ入口の飲水器へと移動した。なんと、蛇口からわずかに水が漏れっ放しになっているのを飲んでいる［写真11］。驚いたことに、天井の換気扇に飛

［11］空港内の水漏れしている飲水器で水を飲むイエスズメ

［12］天井の換気扇の中に入るイエスズメ。中にはびっしりと巣材が詰まっている（いずれもヒューストン空港）

び込んだ。換気扇の隙間には糸状の化学繊維がびっしり詰め込まれている。化繊は、ロビーの通路に沿って並べられた植木鉢の中のものであり、巣材として詰め込まれていたのだ。

1週間後の5月8日、コスタリカからの帰国の際に再びヒューストン空港に立ち寄った。ロビーで暮らす5羽のイエスズメはどうしているだろうか。なんと、飲水器の漏水はこの1週間修理されていない。日本ではとても考えられないことだ。なんともすばらしい「水（お目）こぼし」ぶりである。イエスズメたちは水を飲み、おこぼれの餌をついばみ、天井の換気扇にも出入りしている［写真12］。イエスズメの閉鎖空間への適応力には恐れ入るばかりである。人類が月や火星で暮らす時代が到来したとき、イエスズメも持ち込まれ、生息するようになるのではないだろうか。

6　新天地を求めて

皇居外苑でスズメのアパート

東京都心の丸の内、大手町の高層ビル街でも2000年ころまでスズメが普通に繁殖していた。東京駅のレンガの外壁や東京中央郵便局の建物にはスズメやムクドリが繁殖できる小さな穴がありスペースがあった。いわゆる「お目こぼし」である。ところが東京駅は2012〜17年にリニューアルして一新。東京中央郵便局も2012年にはJPタワーが竣工、外壁には全く隙間がなくなりスズメが繁殖する余地はない。ツバメが国鉄ビルや読売新聞社ビルから撤退していったようにスズメも丸の内・大手町のビル街から姿を消していった。

建物での営巣が難しくなると、市川市の住宅地では電柱の腕金で繁殖するようになった。しかし、丸の内や大手町では電柱そのものをなくしている。「電線類地中化」である。ビル街で繁殖していたスズメたちはどこに消えてしまったのだろうか。

東京駅から行幸通り《みゆきどお》りを皇居に向かって進む。お濠を渡ると皇居外苑《がいえん》に出る。松の緑と芝生が広がり、右手には和田倉《わだくら》噴水公園がある。樹木に囲まれた噴水は都会のオアシスである。レストランのウッドテラスのテーブルで一休みしているとすぐにスズメが飛来し、食事中の人の様

［13］和田倉噴水公園のウッドテラスで食事中の人を見つめるスズメ（円内）

［14］スズメが集団繁殖している和田倉噴水公園のトイレ

子をうかがっているものもいる［写真13］。スズメたちに給餌する人もいる。

餌をくわえたスズメが洒落《しゃれ》たアーチ型にデザインされたトイレの天井に飛び込んでいく［写真14］。それも1羽や2羽ではない。4羽も5羽も出入りし、中から元気な雛の鳴き声が聞こえてくる。天井を支える木材のつなぎ目の部分にスズメが潜れるわずかな隙間があり繁殖している。隙間の数はざっと24ヵ所、スズメのアパートである。ビル街を追われたスズメたちがたどりついた新天地の一つのようである。

楠木正成銅像で繁殖

皇居外苑の日比谷濠の近くにあるのが楠《くすの》木《き》正成《まさしげ》像である。東京の観光名所の一つで大勢の観光客が訪れる［写真15］。銅像は1900年に高村光雲《たかむらこううん》らが制作したもので、120年以上の風雪に耐え日本の現代史を見つめてきた。お濠や大木の緑に囲まれており、ビル街の都心にいることをすっかり忘れさせてくれる。銅像の馬の尾の中からスズメの巣材がぶら下がっている。馬の尾の内部は空洞でありスズメが繁殖しているのだ［写真16］。

改めてスズメの目線で銅像を見直してみた。台座だけで4m以上もあり上部は反り返っている。これではアオダ

［15］大勢の観光客で賑わう楠木正成銅像（コロナ禍以前の2019年に撮影）

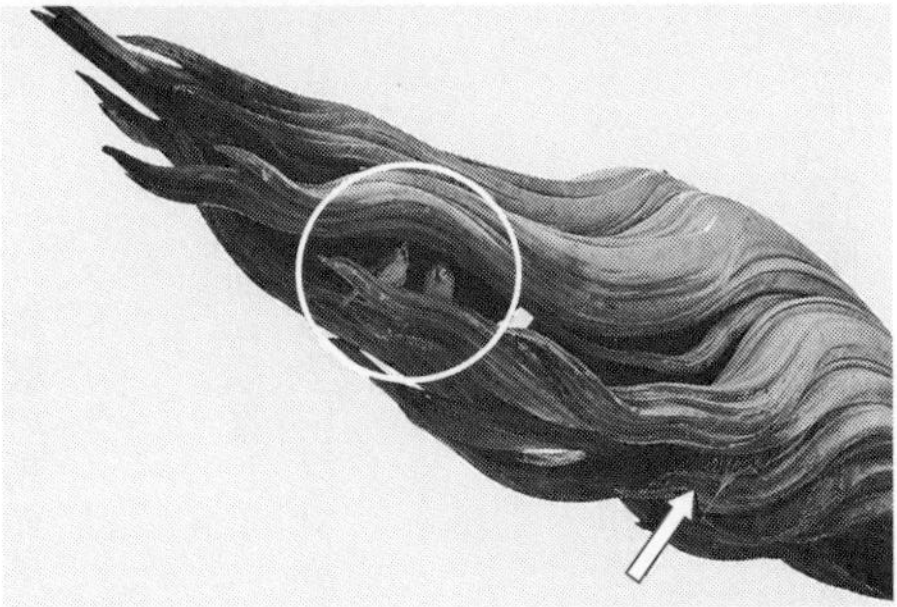

［16］馬の尾の中で繁殖するスズメ（円内）と巣材（矢印）

イショウやネコなどの地上性の天敵は上れない。銅製の馬の尾は空洞であり、風雨を防いでくれる。スズメが出入りできる隙間はあるがハシブトガラスは入れない。訪れる観光客が銅像を取り巻いておりカラスも近づきにくい。

銅像の馬の尾で繁殖するスズメを60年以上も前に観察していた中学生がいた。スズメの人工飼育に成功した大田保文氏である。1957年に修学旅行で富山より上京した際にスズメの繁殖を観察し、記録を残していたのだ。(10)

雑木林で繁殖するスズメ

スズメは、稀に雑木林で繁殖することがある。それも人里から200~350mも離れた林内である。実は、オオタカやサシバ、ハチクマなど猛禽類の巣の中や巣の近く(約1・5~3m内)で繁殖することが知られている。

内田《うちだ》博《ひろし》氏の調査によれば、埼玉県の比企《ひき》丘陵・武蔵《むさし》丘陵にあるアカマツやスギ、ヒノキなどが混在する雑木林で、11個のサシバの巣のすべてでスズメを観察し、そのうち9個(82%)で繁殖していた。ハチクマの巣(6個)でもすべてでスズメを観察し、2個(33%)で繁殖していた。(11) また、水村《みずむら》実《みのる》氏はオオタカの巣で繁殖するスズメを撮影している。(12)

一方、同じ猛禽でも小型のタカであるツミの巣では、11個の巣を調べたがスズメは全く繁殖していなかった。その代わりツミの巣の近くではオナガが繁殖することが多い。ツミは巣に近づくカラスを激しく追い払うため、オナガの巣が守られていると考えられている。

スズメはサシバ、ハチクマ、オオタカなどの猛禽の巣やその周辺で繁殖するが、ツミの巣の近くでは繁殖しないのはなぜだろうか。オオタカの狩りの対象はハトやヒヨドリであり、サシバは主にカエル類を食べ、ハチクマはもっぱらハチ類を食すため、スズメのような小鳥は襲わない。一方、ツミの主食は昆虫やスズメ、シジュウカラなどの小鳥類である。そのため、スズメはサシバやオオタカの巣の近くでは繁殖するが、ツミの巣の周辺は避けているのだ。

では、スズメは猛禽類の巣にどのように近づくのだろうか。内田氏に直接うかがったところ、猛禽類に気づかれないようこっそりと潜入するのではないという。それどころか巣の中にサシバやハチクマがいるのに、目の前の枝に止まり騒がしく鳴くという［口絵6－①］。

スズメにとって猛禽類は、危険な捕食者ではあるが、その巣の中で繁殖することによりカラスなどの捕食者を遠ざけ、卵や雛を守ることができる。猛禽の存在を利用して繁殖するスズメと、人の存在を利用して人家周辺で繁殖するツバメとが重なりあって見えてくる。

限界集落のスズメやツバメ

林哲《はやしてつ》氏に案内してもらい、初めて石川県白山《はくさん》山麓を訪ねたのは1998年3月下旬であった。白山山麓は日本有数の豪雪地帯である。過疎化が進み、限界集落が点在している。林氏は20年以上にわたり、手取川《てどりがわ》上流（大日川《だいにちがわ》流域）の人口減少の著しい集落でスズメの繁殖を調査

	スズメ		ツバメ		人口		
	91〜95年	05〜09年	91〜95年	05〜09年	55年	05年	減少率(%)
新保	0	0	0	0			
花立	0	0	0	0			
丸山	0	0	0	0			
阿手	2〜3	0	**3**	**1**	**194**	**22**	89
数瀬	0	0	0	0	58	9	84
三ツ瀬	0	0	0	0	37	6	84
左礫	**2〜3**	**0〜2**	2〜3	0〜2	**180**	**27**	85
渡津	5〜6	5〜6	4〜5	4〜5	164	50	70

［表２］大日川流域の集落におけるスズメやツバメの繁殖つがい数と人口変化
（林哲，2010を改変）

してきた。実は、過疎の集落のスズメは、人に頼れないこと、生息しづらいことなど東京都心のスズメに通じるところがある。

　平野部から大日川沿いの道に入り上流へと向かう。渡津《わたづ》から渓谷に入り、川沿いに白山市の左礫《ひだりつぶて》、三ツ瀬《みせ》、数瀬《かずせ》、阿手《あて》、小松《こまつ》市の丸山《まるやま》、花立《はなたて》、新保《しんぼ》など８つの集落が点在する。ちなみに渡津〜左礫は２・３km、左礫〜阿手は５・３kmあり、各集落は渓谷や森に遮られて孤立している。

　表２は各集落のスズメとツバメのつがい数、人口などの変化を「１９９１〜95年」と「２００５〜20年」とで比較したものである。[13] スズメとツバメが安定して繁殖しているのは平野部に近い渡津のみである。スズメは阿手と左礫で繁殖していたが、人口の激減に伴い１９９７年に阿手で消滅し、スズメ繁殖の最前線は阿手から左礫へと後退。その左礫も繁殖するのは０〜２つがいであり消滅寸前である。

　一方ツバメは、渡津、左礫、阿手で繁殖している。ただし、阿手では３つがいから１つがいに減少し、最後の１つがいの巣も高齢者の住む家にあり、いつ消滅してもおかしくない状況にある。ツバメ繁殖の最前線は阿手から左礫へと後退しそうである。

郵便受で繁殖したスズメ

スズメ繁殖の最前線である左礫とはどんな集落だろうか。その名は、平家の落人《おちうど》が地元の百姓と雪合戦をし、小石入りの雪玉で左眼《ひだりめ》を失明したことに由来するという。豪雪に耐える立派な家が立ち並び、水路や畑はあるが人影を全く見かけない。そして何より不気味だったのは、家はあるのにスズメの鳴き声が聞こえないことである。

集落の人口は1955年には38世帯180名であった。35年後の1990年には19世帯40名、50年後の2005年には27名に激減。しかも高齢化が著しい。山の斜面を切り拓《ひら》いた棚田《たなだ》は耕作放棄され草茫々《ぼうぼう》である。

左礫では、スズメはツバメやヒバリなどと同様に春に他所から飛来して繁殖する「春告げ鳥」である。営巣場所は屋根の隙間、アオゲラが建物に開けた穴などである。が、驚いたことは玄関の軒下や郵便受で繁殖していたことだ［写真17］。郵便受は地上ほぼ1・3mにあり、人の手が届く高さだ。この高さではスズメは人を警戒して繁殖しないはずである（↓102頁）。左礫のスズメは、高齢者の日々の生活を詳しく観察し、地上1・3mでも人に繁殖を妨害されないと判断したのであろう。

［17］玄関の郵便受で繁殖したスズメ（石川県白山市左礫集落）（2012年4月5日。林哲撮影）

巣箱を架けるときに、「地上2m以下ではスズメは繁殖しない」というときの「2m」という高さは絶対的なものではなく、そのときどきの「人とスズメの関係によって変化する」と解釈できそうである。

スズメと浅間高原のキャベツ畑

2018年8月、郷里の群馬県嬬恋《つまごい》村《むら》に帰省したときのことである。長野県との県境に近い浅間《あさま》高原のキャベツ畑でスズメの集団繁殖を観察した。どこまでもキャベツ畑が続く開拓地のど真ん中である［写真18］。

白根山《しらねさん》麓から浅間山麓に至る標高800〜1400mの高冷地は夏キャベツの生産地として日本一である。7〜10月の東京中央卸売市場の入荷量の6〜7割を嬬恋産キャベツが占めている。スズメが繁殖していたのはキャベツ畑の中の集荷場である。キャベツの収穫作業は早朝3時から始まる。キャベツは段ボール箱に詰めて集荷場に集められ、大型保冷車に積まれて東京市場へと運ばれる。集荷場は荷物を積み替えるための作業場であり、鉄骨の柱とスレートの屋根だけの簡易な建物だ［写真19］。作業が終われば無人となる。人が寝泊まりすることもない。

スズメの数は約20羽。吹き晒しの建物の屋根の内側に出入りしている。鉄骨の隙間には巣材の藁が横一列にびっしりと詰め込まれており、集団で繁殖している。

［18］スズメが繁殖した浅間高原のキャベツ畑（群馬県嬬恋村）（嬬恋村観光協会提供）

［19］スズメが集団繁殖している高原キャベツ集荷場（群馬県嬬恋村）

集荷場から最も近い人家は、大笹《おおざさ》地区までは約3km、嬬恋村にあるゴルフ場のクラブハウスまで約950mの距離である。これだけ離れていると、「人の存在を利用して卵や雛を守る」というこれまでの考えでは説明がつかなくなる。集荷場の鉄骨の建物は人工物であり、キャベツ畑は耕作地なので、農繁期には畑で作業する人もいる。人の関与が全くないとはいえない。しかし、人里遠く離れた広大なキャベツ畑の中の集荷場である。人の存在を利用して繁殖しているようにはとても思えない。

見渡す限り続くキャベツ畑の中で繁殖しているスズメを見ていると、アフリカのサバンナを起源とするスズメが、人為環境に適応する以前の習性を今もって内に秘めていることに気づかされる。

第４章

水鳥たちの楽園、「都市の水域」

1　都市の水環境と水鳥

水の都、東京

東京都心は高層ビルや高速道路、鉄道などが密集し、水鳥は生息していないかのように見える。しかし、水鳥の視点に立って都心を見直してみると、東京は海と川に囲まれた水の都であることに気づく。南には東京湾があり、南北方向に多摩川、荒川《あらかわ》（隅田川《すみだがわ》）、江戸川などが流れ、皇居のお濠や上野不忍池、洗足池《せんぞくいけ》（大田区《おおた》）、清澄庭園《きよすみ》（江東区《こうとう》）など大小様々な池沼が点在している。江戸時代には縦横に水路が張りめぐらされ物流の主役は水運であった。下町には今も水路や親水公園が残っており、「山の手」に対して「水の手」と呼ぶことがある。

これらの都市の水域は自然の河川や湖沼とは異なる。護岸はコンクリートで固められ、流れる水も決して清流とはいえない。アメリカザリガニやウシガエル、カダヤシなどの外来動物が優占している。しかも、岸辺を行き来する人は絶えず、水辺で催される花火大会はあたかも戦場のような炸裂音を轟《とどろ》かせ水鳥たちを蹴散《けち》らしてしまう。

ところが、水鳥たちはこうした都市環境にしなやかに適応し賑わいを見せている。水辺にやってくる大勢の人から餌をもらい、人の存在によって安全が担保されている。食物の確保や子育てでも都市の水域は有利な面がある。さらに重要なことは、今や都会人の多くが公園や河川の水鳥を大切に見守っていることである。

都会で暮らす代表的水鳥

都市の水域にはどんな水鳥がいるのだろうか。まず挙げられるのはカモメ類とカモ類である。カモメ類ではユリカモメとウミネコ、コアジサシに注目したい。ユリカモメは冬鳥であり、夜間は東京湾など海でねぐらをとり、日中は河川や公園の池などで採餌し、人の手からも食べ物をもらう。朝夕の2回、海と内陸部の水域とを往復する。ウミネコはもともと海岸の岩場や斜面で繁殖していたが、都心のビルの屋上で繁殖するようになった（↓152頁）。

カモ類は大きく二つのグループに分けられる。一つは「水面採餌タイプ」。カルガモ、オナガガモ、ヒドリガモ、オシドリなどである。両足が体の下に位置して体を支えやすく、陸上での歩行も上手だ。陸にのぼり、草やドングリなどを好んで食べる。主に湖沼や河川などに生息するので「淡水ガモ」ともいう。

もう一つのグループは「潜水採餌タイプ」である。キンクロハジロ、ホシハジロなどである。両足が体のやや後方にあり潜水を得意とし、魚介類を食べる。陸上で歩くのは苦手である。主に港湾や近海などの海域に生息するので「海ガモ」ともいう。

この他に、潜水を得意とする水鳥にカワウ、カイツブリ、オオバンがいる。また、浅瀬に入ってゆっくり歩きながら獲物を捕らえる鳥にはダイサギ、アオサギ、コサギなどのサギ類がいる。

上野不忍池のカモ類の変遷

東京都心で水鳥が観察しやすいのは上野不忍池である。池の島ではカワウのコロニーが集団繁殖しており、冬季にはカモ類やユリカモメなどが岸辺に寄ってくる。不忍池で越冬する水鳥は、優占種が次々と入れ代わり、時代の変化を映す鏡のように変遷してきた。

江戸時代の歌川広重《うたがわひろしげ》の浮世絵「不忍之池全図 中嶋弁天之社」には、おびただしい数のガンやカモが描かれている。江戸市中は全面禁猟であり、浅草寺の屋根ではコウノトリが営巣し不忍池も大名屋敷の池も水鳥の楽園であった。不忍池は明治以降も都市公園として利用されたが、戦中・戦後の食料難の時代には水田として耕作された。時代が落ち着き、1954年より上野動物園による給餌が始まるとカモ類が飛来するようになった。

福田道雄《ふくだみちお》氏によれば、(1) 最初に餌付いたのはコガモ（1950〜63年ころ）、ついでオシドリ（1960〜66年）であった。コガモは、大型のカモのいないところに最初に進出する傾向があるという。また、オシドリが急増したのは、1957年当時、オシドリの有数の渡来地であった皇居のお濠が台風の被害をうけたことが原因したともいわれている。その後コガモ、オシドリは姿を消し、1970年代以降は市民による餌付けが活発となりオナガガモが急増［写真

1」。時に3000羽を超えた。また、1970年ころより、給餌の飼料として水に沈みやすいカンパンくずなどを与えたこともあり、潜水性のキンクロハジロ、ホシハジロなどが飛来するようになった。

2008年、鳥インフルエンザ流行に伴い給餌が自粛されると、オナガガモが分散・減少し、ヒドリガモやキンクロハジロなどが優占種となった。不忍池のカモ類は、社会情勢や公園の環境変化等により今後も栄枯盛衰を繰り返していくものと思われる。

［1］給餌に群がる上野不忍池のカモ類（オナガガモなど）（1992年4月23日）

外来動物に依存する水鳥

都会の池沼や河川は予想以上に水鳥の餌動物が豊富である。春には、多摩川や江戸川をはじめ神田川《かんだがわ》でもアユの群れが遡上《そじょう》する。汚染に強いモツゴ（クチボソ）やカダヤシも多数生息している。

また、都会の水系で爆発的に増加しているのがアメリカザリガニ、ウシガエル、ミシシッピアカミミガメなどの外来動物である。在来種を圧迫し、生態系を破壊するため「侵略的外来種」ともいう。駆除しようとしても繁殖力が強く、すぐに個体数は回復してしまう［写真2］。ところが水鳥にとっては、外来種や在来種の区分はない。もはや外来種なしに都市の水鳥の生活は成り立たない、というのが現状である。植物食のカルガモがアメリカザリガニを捕食することもある［写真3］。

とりわけ目につくのは、カワウ、ダイサギ、アオサギなどの大型水鳥による外来動物の捕食である。カワウが大きなカムルチーやウナギを呑み込もうとして四苦八苦するのをよく見かけ

［2］駆除したバケツにいっぱいのアメリカザリガニ（練馬区・石神井公園）

［3］アメリカザリガニを捕食するカルガモ（港区・自然教育園）

［4］カムルチーを呑み込むのに四苦八苦するカワウ（埼玉県・元荒川）（2019年10月10日。細川章司撮影）

る［写真4］。また、ダイサギやアオサギ、コサギは日常的にアメリカザリガニを捕食しており、ときには巨大なウシガエルを捕食することもある。

2　都市で繁殖する水鳥

大手町カルガモ狂騒曲

都会の水鳥といえば大手町の三井《みつい》物産ビルのカルガモが有名である。高層ビル街の人工池で可愛《かわい》い雛を育てる様子が連日マスコミで報道されたのは1984年であった。都内をはじめ全国から「カルガモ」見物の人が大手町に殺到した。雛が成長し、いよいよ人工池からお濠へ「引っ越し」する日には観光バスまで押しかけ、立ち入り規制で池には近づけない有様であった。カメラを構える報道陣が最前列にずらりと並び「カルガモフィーバー」は頂点に達した。筆者も人工池に通ったが、観察したのはカルガモではなく押し寄せる人の行動であった［写真5］。

［5］カルガモ親子の見物に全国から集まった人々

［6］雛を連れて移動するカルガモ一家（文京区・小石川後楽園）

人々のお目当ては、カルガモ親子が交通量の多い内堀《うちぼり》通りを横断してお濠へ引っ越すシーンである。母親が7〜8羽、ときには10羽以上の雛を引率して移動する姿はなんともほほえましい。車がブレーキをかけカルガモ親子が安全に渡るのを優しく見守る……、日本中がそんなシーンに目を細めたものだ。

ただし、フィーバーするのは「人」であり、カルガモは至ってクールである。雛が小さいときには、お濠はカムルチーやアオダイショウ、カラスなどの天敵が多く危険である。大勢の人に取り囲まれた人工池のほうがはるかに安全である。雛が成長するのを待って危険の多い皇居へ引っ越す作戦は、人を利用した都市鳥戦略の常套手段《じょうとうしゅだん》でもある。

やがて大手町のカルガモフィーバーは下火になった。大手町でなくとも、カルガモは全国に広く分布し繁殖しているからだ［写真6］。

上野不忍池のカワウのコロニー

ロンドン大学のキャッチポール博士を招き、日本鳥学会主催「鳥のボーカルコミュニケーション」と題して上野動物園ホールで講演があったのは1981年6月のことである。講演を終えて上野精養軒での昼食会でのこと。眼下の不忍池のカワウのコロニーを眺めながら、「こんな巨大都市のど真ん中で、カワウのような大型水鳥が繁殖しているのは世界的にも珍しい」との博士の言葉がとても印象的であった。不忍池でカワウの繁殖が見られるのは当たり前だと思っていたが、世界的には稀なことである。また、現在では、日本各地でカワウが繁殖し、個体数の急増に伴う糞害による森林の枯死、漁業被害といった問題が発生している。

ところが、わずか50〜60年前、日本のカワウのコロニーは危機的状況に陥っていた。1960年代にはカワウの餌場である干潟や浅海が埋め立てられ、DDTやPCBなどの有害化学物質による汚染が深刻となり、カワウやサギのコロニーが次々と消滅していった。東京湾を餌場とし、数万羽も繁殖していた千葉市大巌寺《だいがんじ》のコロニーも、1965年に400〜500羽に減少、1972年に消滅した。

上野不忍池のカワウは、1950年に千葉市大巌寺で捕獲した19羽をケージで飼育し、1962年に不忍池に放鳥したものがルーツといわれている。1970年には100〜150羽、1979年に1000羽、1986年には2000羽と個体数が増加した。

個体数の増加により不忍池でも営巣木が枯死。擬木（樹脂と鉄骨による人工木）を設置してコロニーの維持を図ったこともあった［写真7］。しかし、やがて擬木も腐食し、再び営巣木を移植して今日に至っている。

１９８４年に行われた不忍池の浚渫《しゅんせつ》工事の際には、カワウは浜離宮《はまりきゅう》恩賜庭園（港区）の鴨《かも》場に移住。６３３巣（約６０００羽）にまで急増した。糞害により樹木が枯死し貴重な森林が打撃を受けた［写真8］。カワウは追い払われ、コロニーは各地を流浪し分散した。関東地方

［7］擬木で繁殖するカワウのコロニー（上野不忍池。1990年11月21日）

［8］カワウの繁殖により枯死した樹木（港区・浜離宮恩賜庭園。1996年４月28日）

では現在、上野不忍池の他には、行徳《ぎょうとく》鳥獣保護区（市川市）と都立水元《みずもと》公園（葛飾区）のバードサンクチュアリーなどに定着している。いずれも人の居住区から離れた鳥獣保護区内である。それにしても、上野不忍池ではなぜカワウのコロニーは追い払われず、巨大都市のど真ん中で繁殖可能なのだろうか。

考えられることの一つは、コロニーが動物園内の池の小島にあることだ。岸辺からは離れており、樹木が糞で枯れることもあるが、それ以上に野生の大型水鳥の繁殖が間近に観察できることのほうが動物園としてのメリットは大きいにちがいない。

［9］大巌寺（千葉市）に残る掛け軸「魚降森」

そしてもう一つ。もともとカワウは日本人にとって特別な鳥であった。古墳の遺跡からは鵜《う》飼《かい》に用いる首輪のついた鵜の埴輪《はにわ》が出土している。また、カワウのコロニーと住民とが共存してきた文化や歴史が各地に残っている。知多《ちた》半島の鵜《う》の山《やま》や千葉市大巌寺では、カワウの糞を肥料として利用し、給餌の際にうっかり落としてしまう魚は、食べ残されたものは家畜に与え、生きている魚は人が食べた。大巌寺に残る掛け軸「魚降森《ぎょこうしん》」には、様々な魚やイカが降ってくる様子が描かれている［写真9］。こうした人とカワウの共存関係は日本人の心の奥深くに刻印され、今なお都会でのカワウの子育てを支援しているように思える。

気性の荒いコブハクチョウ

都会の水鳥といえば、皇居の白鳥を連想する人が多いかと思う。純白な白鳥が優雅に泳ぐ姿はお濠によく似合うし、皇居のシンボルでもある。イギリスでも白鳥は王室のシンボルであり、法律上は今なお王室の所有物とされている。

ただ、皇居の白鳥は渡り鳥として日本で越冬するオオハクチョウやコハクチョウとは別種で、コブハクチョウである。おでこに大きな瘤《こぶ》状の黒い塊があるのでその名がつけられた。

皇居外苑のコブハクチョウは1953年にドイツから移入され、1955年より繁殖するようになった。給餌箱で餌をもらい［写真10］、巣台などで繁殖している。長寿で知られ、寿命は50歳～100歳といわれている。縄張り性が強く、一つの濠では1つがいが繁殖している。同じお濠に2つがいを放すと相手が死ぬまで闘うという。羽の一部が切られているのでお濠からは飛び出せないし、石垣で囲まれたお濠の中で生活しており上陸はできない。人と白鳥は物理的に区分けされトラブルは起こらない。

一方、1975年には、北海道の大沼《おおぬま》公園（七飯町《ななえちょう》）で放たれた一つがいが繁殖し、1977年にウトナイ湖（苫小牧《とまこまい》市）に移動して繁殖。冬季には霞ヶ浦《かすみがうら》へ渡って越冬することが明らかになった。１９８０年代になると各地の湖沼で繁殖し分布が拡大している。

筆者の住む市川市では、２０１６年に団地内に造成された調整池で繁殖した。岸辺から抱卵や雛の成長の様子がつぶさに観察できた［写真11］。また、手賀沼《てがぬま》（我孫子《あびこ》市・柏《かしわ》市）では何つ

［10］給餌箱の餌を食べるコブハクチョウ（皇居大手濠）

［11］洪水対策の調整池で繁殖するコブハクチョウ（市川市・こざと公園）

［12］芝生で休むコブハクチョウの家族群（我孫子市・手賀沼湖畔）

がいも繁殖しており、芝生で休む家族群をよく見かける［写真12］。白鳥のいる景色はのどかな田園風景に見えるのだが、皇居と違って人との距離が近い。人を攻撃することもあるので要注意である。また、畑の作物や水中のレンコンなどを食べることから、今後は農業への加害が課題となろう。大型水鳥であるだけに個体数増加による生態系に与える影響が懸念されるところである。

人慣れしたサギの都会生活

東京やその近郊の河川、池、お濠などでは人慣れしたサギ類をよく見かける。ときには人を利用するサギもいるし、「えっ、こんなところでちゃっかり暮らしている」と感心してしまうことすらある。

例えば上野動物園のペンギン舎。ペンギンの餌の魚を狙ってゴイサギやウミネコが集まりおこぼれの魚を失敬する。コサギやダイサギもやってくる。来園者の中にはペンギンよりサギの行動のほうが面白いと評判になるほどだ。動物園では、どんなサギが飛来するのか解説板をたてるなど粋な対応ぶりも見られた［写真13］。ゴイサギは頭や背が灰黒色、下面は白色なのでペンギンに似ており、あたかもペンギンに擬態しているかのようである［写真14］。

ただし、鳥インフルエンザのはやる昨今である。野鳥と飼育鳥類の接触は感染リスクが高い。

［13］ペンギン舎に飛来するサギ類の解説板（上野動物園）

［14］ペンギン舎の中で休むゴイサギ（円内）

［15］釣り人から魚をもらうコサギ（都立水元公園）

［16］釣り人を見張っているアオサギ。雑魚が釣れればすぐに飛んでいく（都立水元公園）

2013年、上野動物園の鳥舎は「野鳥の侵入防止」のために改装され、サギ類の出入りは御法度となった。

そしてもう一つ、いかにもサギの賢さが際立つ行動を都立水元公園（葛飾区）で見ることができる。釣り人で賑わう水元公園の岸辺では、釣り人の近くにコサギやダイサギ、あるいはアオサギが立っていることがある。魚が釣れるのを見張っている。コサギが釣り人に接近し、釣った魚の入っている容器を覗き込むことがある［写真15］。お目当ては釣った魚であり、釣り人も魚をコサギに与えている。

また、バス停近くにある内溜《うちだめ》では、四季を通して大勢の人が釣りを楽しんでいる。その釣り人たちの背後に1羽のアオサギが手すりに止まり、釣り人たちの動向をじっと見張っている［写真16］。大きな魚が釣れても見向きもしないが、モツゴなどの雑魚が釣れると素早く釣り人の元へと飛んでいく。釣り人も心得たもので、大きな魚はそのまま放流するが雑魚はアオサギのほうに放り投げる。

サギの多彩な職人技

東京の池や河川では、アオサギ、ダイサギ、コサギ、ゴイサギなどのサギ類をよく見かける。いずれも単独で水の中に入り、そっと歩きながら魚やザリガニなどを物色している。これらのサギはいずれも得意技の持ち主であり、その漁のテクニックは見応《みごた》えがある。

サギの漁はとても興味深い。長い足で浅瀬に入り、そっと移動しながら魚やエビ、カエルなどを探す。もちろん食べられる側の魚やカエルも水底の水草や落葉の下に身を隠す。サギはじっと立ったまま水面下を凝視し、動かざること「杭《くい》」の如《ごと》しとなる。ちょっとでも獲物が動けば電光石火のごとく嘴でつつき捕食する。

サギの中でもコサギの技は特に多彩である。足指でそっと探りを入れる「足探り漁法」、水面を足で揺すって獲物を追い出す「追い出し漁法」、嘴で水面に波紋を起こし、水面に落ちた昆虫がもがいているかのように偽装して魚をおびき寄せる「波紋漁法」、逃げる魚を追いかける「ダッシュ漁法」、水面に翼を広げて日陰を作り、魚を引き寄せる「誘い込み漁法」、ちょっ

［17］皇居大手濠で獲物を狙うダイサギ（2011年11月2日）

［18］皇居大手濠で海産のボラを捕食したダイサギ（2013年12月1日）

と深いところの獲物には頭から飛び込む「ダイビング漁法」などである。

個々のサギは、得意とする個人技を身につけている。サギが都会の狭い水路や小さな池でわずかな獲物を捕らえて生き延びるためにも必須《ひっす》の技である。

ダイサギが捕食したお濠のボラ

サギが捕食したことから生息が確認された魚もいる。その一つが皇居大手濠《おおてぼり》のボラである。

お濠の岸辺ではときどきダイサギを見かけることがある。パレスホテルから大手門《おおてもん》へと入る右手に広がるのが大手濠である。お濠に面してカルガモが繁殖した三井物産ビルをはじめとする高層ビル群が立ち並ぶ。こんな都心の水域で1羽のダイサギが暮らしている

［写真17］。
２０１３年12月1日、驚くべき光景を目にした。ダイサギが大手濠で体長30㎝もあるボラを捕食したのだ。それも1尾ではない。岸辺には魚の頭部や骨などがいくつも散乱している。びっくりしたのは魚が大きかっただけではない。魚種が海で生息する「ボラ」であったからだ［写真18］。

皇居のお濠の水は、わずかな高低差を利用して千鳥《ちどり》ヶ《が》淵《ふち》から牛《うし》ヶ《が》淵《ふち》、大手濠へ、さらに桔《き》梗濠《きょうぼり》、和田倉濠、日比谷濠を経て排水路から東京湾に流れ出る。ボラは沿岸に生息する海水魚であり冬季には大群で河川を遡上する習性がある。ダイサギがボラを捕食したことから、皇居の水は東京湾につながっていることが分かる。

サギの都会生活とサギ山

都心の水域ではダイサギやアオサギ、コサギ、ゴイサギなどが単独で暮らしている。これらのサギはどこから都心にやってくるのだろうか。

サギの繁殖はサギ山（集団繁殖地）で行われる。１９５５年ころ、皇居にはサギ山があった。道灌濠《どうかんぼり》に面したクロマツ林にサギのコロニーがあり、昼夜にわたる鳴き声、糞害による樹木の枯死などのため「消防ポンプ車で放水して約８００巣を落とした」という(2)。当時は都心を取り巻く板橋区、葛飾区、足立《あだち》区、江戸川区などの水田で採餌し皇居などで繁殖していたのである。

［19］中川に面した竹林で集団繁殖するサギ類（埼玉県越谷市）

しかし、高度成長期を経て餌場としていた水田や干潟が埋め立てられサギのコロニーも衰退した。現在、都心に近いサギのコロニーは、行徳の宮内庁新浜鴨場《にいはまかもば》（市川市）、中川《なかがわ》右岸の竹林（越谷市）［写真19］、多摩《たま》動物公園内のアオサギのコロニーなどである。

都会の池で繁殖するカイツブリ

水鳥の中には、非常に特殊な繁殖方法によって都心で子育てしている鳥がいる。水面に「浮巣」を作るカイツブリである。

カイツブリは体長わずか26㎝。ムクドリより大きくキジバトより小さな水鳥である。尾は短く、潜水を得意とし、魚やエビなどを捕食する。都心のお濠や池、河川に生息し、水草や落葉などを集めて「浮巣」を作って繁殖する習性がある。

カイツブリの繁殖は、清澄庭園（江東区）や小石川《こいしかわ》後楽園（文京区）、皇居の牛ケ淵や凱旋濠《がいせんぼり》（千代田区）、石神井公園（練馬区）、井の頭恩賜公園（三鷹市《みたか》）などの池で観察できる。

特に観察しやすいのは井の頭恩賜公園のボート池やお茶の水池である。２０２２年には春〜夏にかけて４〜５ヵ所で繁殖した。巣は岸辺から２〜５ｍの近距離にあり、巣作り、抱卵、育雛などを肉眼でもじっくり観察できる。

浮巣による繁殖は、カイツブリ特有のものであり、他の鳥が進出できない水域を独占することができる。ただし、何一つ遮るものがない水面のため、卵や雛がハシブトガラスやオオタカ、チョウゲンボウなどに狙われやすい。これに対しカイツブリは、あえてボートの浮かぶ都会の池で繁殖し、大勢の人に見守られながらの繁殖を選択している［口絵９－④］。大手町のカルガモの繁殖戦略に似ている。コロナ禍にあった２０２０年、21年は、公園を訪れる人も増えカイツブリの繁殖にとっては追い風となった。しかも、いざとなれば天敵に立ち向かい撃退する激しい攻撃力の持ち主である。また、抱卵中に巣を離れるときは、卵の上に落葉や水草などの巣材をかけてカムフラージュする［口絵９－②］。雛が小さいときは、雛を背に乗せて移動する［口絵９－③］。

さらに意表をつく奥の手もある。真冬の11〜１月に繁殖することがあるのだ。多くの野鳥は４〜７月に繁殖する。そのころはカラスも繁殖期であり卵や雛が狙われやすい。常識破りの真冬での繁殖のため捕食者からはノーマークである。魚食性の水鳥なので、結氷しない限り、寒い冬でも魚を捕らえ子育ては可能である。

舞い戻ってきたカワセミ

カワセミはコバルトブルーに輝くとても美しい水鳥だ。尾は短めで嘴が大きい。水辺の杭や枝に止まり、じっと水面下の獲物に狙いを定め、一気にダイビングして魚などを捕らえる。その見事な漁と美しさに魅了される人は多く、カワセミ人気は根強いものがある。

1960年ころまで東京都心で普通に生息していたが、その後は1964年の東京オリンピックのころに立川《たちかわ》まで、1970年に八王子、日野《ひの》、青梅まで後退し、多摩川の秋川《あきかわ》合流点より下流では姿を消してしまった。カワセミ減少の原因は、農薬や化学物質による魚の減少、岸辺のコンクリート化による営巣地の消失などが挙げられる。カワセミは岸辺の土手に奥行き40〜90㎝の横穴を掘って営巣する習性があり、両岸と川底の三面をコンクリートで固めた都市河川での繁殖は絶望視されていた。

ところが1980年代にカワセミが再び都心に戻ってきたのである。それも清流が復活したからではない。汚染に強いモツゴやアメリカザリガニなどの食物が増えたこと、川筋から離れた切通しや砂利採取場などで巣作りをするようになったこと、人への警戒心が弱まり人慣れしてきたことなど、生態が変化し都市環境に再適応してきたのである。

都市に再適応したカワセミ

練馬区内を流れる石神井川は、三面コンクリートの典型的な都市河川である。カワセミが巣穴を掘ることは不可能である。古屋真《ふるやまこと》氏の観察によればそんな都市河川でカワセミが繁殖し子育てをしているという。いったい、どこでどう営巣しているのだろうか。

カワセミが出入りしていたのはコンクリート護岸の排水口であり、それも人や自転車が行き来する生活路からわずかに１ｍほど下である［口絵８－①］。また、細川章司《ほそかわしょうじ》氏は、用水路のコンクリート護岸の排水口で繁殖するカワセミを観察している［口絵８－③］。

国立科学博物館附属自然教育園（港区）では、池から離れた林内でカワセミが繁殖した。１９８８年４月、枯木を焼却するために７ｍ×６ｍ、深さ２ｍのほぼ真四角の大きな穴を掘った。その壁面に巣穴を掘って繁殖したのである。(3)

矢野亮《やのまこと》氏の調査によれば、自然教育園で繁殖したカワセミの雛の餌は、モツゴ（50～60％）とザリガニ（30～40％）が圧倒的に多く、その他にスジエビ、ヨシノボリ、ドジョウなどである。ところが、ときどき赤い魚（金魚）を運んできた。園内には金魚はいないので、園外から運んできたものだ。約２・５㎞離れた六本木《ろっぽんぎ》６丁目に金魚問屋があり、コンクリートの大きな池で飼育しているものを失敬していたらしい。特に狙い目は金魚すくい用の小さな金魚である。１９９４年の２回目の繁殖のときには、なんと67尾もの金魚を給餌した。ただし、２０００年以降、金魚の給餌はなくなった。六本木ヒルズ建設に伴い金魚問屋が廃業になったためであろうと考えられている。金魚を捕食するカワセミは、横浜市でも観察されている［口絵８－④］。

3　都市をさまようパイオニアバード

裸地を求めての子育て

火山噴火で流出した溶岩のように、生物が全く存在しない環境に最初に定着する植物のことをパイオニア植物（先駆植物）という。同様に、不毛の地に最初に飛来して繁殖する鳥はパイオニアバードといってもよいだろう。パイオニアバードですぐに思い浮かぶのは、河が氾濫《はんらん》し、石がゴロゴロ転がっている河原などで繁殖するコアジサシやコチドリである。いずれも夏鳥として日本に渡来し、植生のない裸地で繁殖する。

裸地での繁殖は過酷である。天敵には見つかりやすく、風雨に晒される。しかも、数年でパイオニア植物が繁茂してしまい、コアジサシやコチドリは繁殖できなくなる。子育てのために毎年新しい裸地を探さねばならない。さすらいのパイオニアバードである。

東京湾で埋め立てが盛んであった1960〜70年代には、人為によって広大な埋立地（裸地）が出現した。コアジサシは集団で繁殖する習性があるため、埋立地に一大コロニーが出現した。コアジサシ・バブルである。しかし、それもコンビナートが建設されるまでの一時的な徒花《あだばな》にすぎない。建設が終われば再び新天地を求めてさまようことになる。

「コアジサシ、コチドリ、カラス」の関係

都市では、建設と解体が繰り返されている。大規模な開発や再開発の場合にも一時的に広大な空地が出現し、すぐさま雑草が生えパイオニアバードが飛来する。

埼玉県内を走るJR武蔵野《むさしの》線の沿線は、首都圏の物流の要《かなめ》であり、水田地帯が次々と埋め立てられ、大規模な商業施設や倉庫などが建設され、宅地開発などが急ピッチで進行している。コアジサシやコチドリの出番である。

［20］コアジサシが繁殖している工事現場（越谷市）（2018年6月26日）

2018年6月26日、越谷市郊外の4階建て倉庫の工事現場を訪ねた［写真20］。2017年に着工し、整地を終えて空地全体を鉄パイプで囲いシートで目隠しをしている。空地の低地には水が溜《た》まり、すでにパイオニア植物が進出している。1万3348㎡（約4000坪）の広大な空間では30～40羽のコアジサシが集団繁殖中であった。翌年には4階建て倉庫の骨組みが出来上がるため、コアジサシにとって繁殖のチャンスはこの春のみである。

一見して何もいないかに見える空地だが、双眼鏡で地表を丁寧にチェックすると、砂や小石とそっくりの幼鳥がじ

っと身を隠している。魚をくわえて親鳥が戻ってくると、給餌シーンも観察できる［写真21］。

コアジサシのコロニー内ではコチドリも繁殖している。コチドリも裸地で繁殖するパイオニアバードである。巣や卵は砂地や小石に擬態して見分けがつかない。その点はコアジサシと共通している。しかし、集団では繁殖しない。カラスなどの天敵に対してモビングすることなく、そっと巣を離れて身を隠す。実は、天敵に対して攻撃的なコアジサシのコロニー内で営巣することにより、卵や雛が天敵から守られているのである。

［21］工事現場で繁殖中のコアジサシのコロニー。幼鳥3羽と2羽の親鳥（2018年6月26日）

東京都心でもコチドリが繁殖

秋葉原《あきはばら》は交通の要所であり、電気街としても有名だ。最近はアニメや漫画、オタクの聖地など様々な顔を持ち、日本はもとより世界各地から人が集まってくる。その駅前に聳える「秋葉原ＵＤＸ」（地上１０７ｍ）の建設の際、工事現場でコチドリが繁殖した。

２００１年６月３日、駅前の工事現場を訪ねた。かつての神田青果市場が取り壊されて更地《さらち》となり、立ち入り禁止の工事現場には重機やクレーン車が並んでいた［写真22］。公示された建築計画には「２００１年着工、２００４年完了」とある。梅雨時、あちこちに雨水が溜まり、雑草が生えはじめたところで工事はいったんストップ。遺跡調査のためである。コチドリは工事が中断している間に大急ぎで子育てしなければならない。

［22］コチドリが繁殖中の秋葉原駅前の工事現場（2001年６月３日）

［23］秋葉原駅前で繁殖中のコチドリ親子（2001年６月。渡辺仁撮影）

双眼鏡でコチドリを探すと、親子の姿が見つかった。水辺に1羽の雛、ヒメムカショモギの根元に2羽の雛が身を伏せている。成鳥3羽、雛4羽、計7羽を確認した。

秋葉原駅と山手《やまのて》線、電気街に囲まれた工事現場は殺伐としていたが、こんなところでコチドリの雛が育ってい

［24］コアジサシの営巣地として整備された森ヶ崎水再生センターの屋上

ることに驚きと感動を覚えた。雛が無事に飛び立つまで工事の再開を待っていただけないものだろうか。そんな要望を千代田の野鳥と自然の会（高橋康夫《たかはしやすお》会長）から千代田区や東京都に提出したところ、東京都埋蔵文化財センターより「コチドリの繁殖が終了するまで工事延期」との回答をいただいた。6月中旬には、親鳥の翼の中で4羽の雛が雨宿りする姿を観察して安堵し［写真23］、7月中旬には無事にこの地を飛び立った。高橋会長より遺跡発掘の担当者へ心をこめた感謝状が贈呈された。

屋上で繁殖するコアジサシ

大田区大森南《おおもりみなみ》の「森ヶ崎水再生センター」（東京都下水道局）の屋上で増田直也《ますだなおや》氏がコアジサシの営巣を見つけたのは2001年であった。コアジサシによる屋上繁殖の日本における最初の発見である。意表をついた屋上での繁殖に多くの都民が驚き、研究者の注目を浴びた。

増田氏の案内で筆者が初めて現地を訪ねたのは2019年6月であった。東京モノレール昭和島《しょうわじま》駅を下車すると目の前にあるのが水再生センターだ。屋上からは東京湾が間近に見える。魚食性のコアジサシにとって餌場が近く、繁殖には好条件である。コンクリートの屋上は

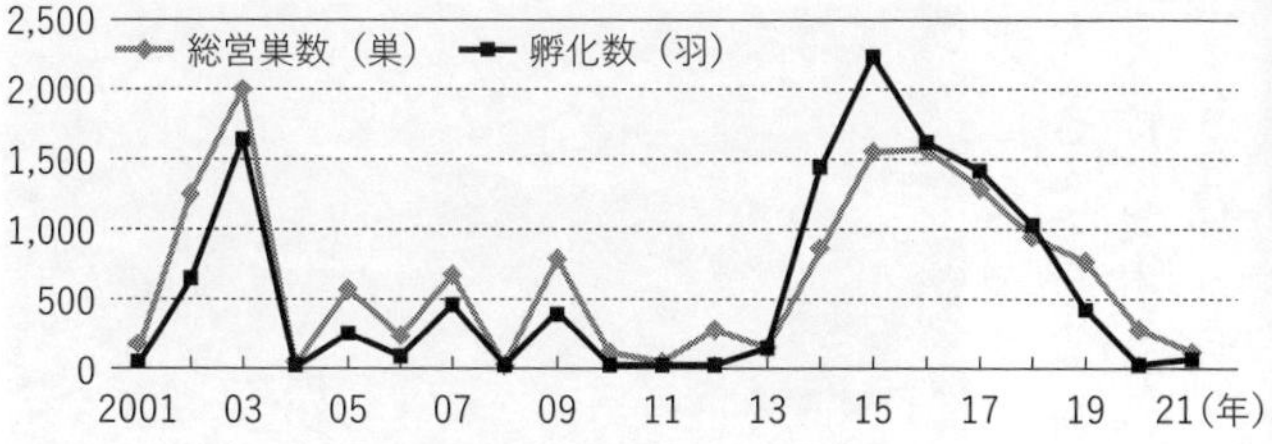

［図１］2001〜21年の営巣状況の推移（NPO 法人リトルターン・プロジェクト提供）

過酷な環境ではあるが、河原や砂浜の代替環境といってよいだろう［写真24］。

増田氏らはＮＰＯリトルターン・プロジェクト（ＬＴＰ）を立ち上げ、雑草を駆除し、砂利や貝殻を敷くなどの繁殖環境を整備し、様々な天敵対策を講じるなど、コアジサシの保護、調査・研究、教育・広報などの活動を続けてきた。営巣数は年による変動が大きいが、２００３年には２０００巣、２０１５年には１５００巣という大規模なコロニーが形成された[4]［図１］。

コアジサシを守る

裸地で繁殖するパイオニアバードにとって最大の脅威は天敵による卵や雛の捕食である。遮るものが何一つないためカラスやチョウゲンボウなどに狙われやすい。

対するコアジサシの防衛手段は二つある。一つは、巣や卵、雛の見事なまでの擬態である。巣といっても砂地に窪《くぼ》みを作っただけの粗末なもので、周りに小石や貝殻などを置いて卵の殻そっくりにカムフラージュする［口絵10－④］。足元に巣があっても気づかないこともある。また、孵化《ふか》した雛は砂や小石の環境に似て見分けがつかない。しかも、孵化した雛はすぐに歩くことができ、安全なところへ移動して身を隠す。

もう一つの防衛手段は、親鳥による集団防衛である。カラスやチョウゲンボウなどがコロニーに接近すると、巣から次々と飛び立って激しくモビングする。「キリッ、キリッ」と鋭く鳴きながら、数十羽、ときには数百羽の群れが天敵に立ち向かう。イヌ、ネコなどの地上の天敵が接近すると、上空から急降下し、後頭部を狙って威嚇する。筆者は1970年代に東京湾の埋立地でコアジサシのモビングを受けたことがある。上空から後頭部めがけて急降下し、「ケッ」と鋭く鳴くと同時に砕かれた貝殻のようなものを頭に吹っ掛けられ退散したことがある。

［25］雛が身を隠すためのレンガを重ねた「シェルター」

ところが、コアジサシの厳しい天敵対策をくぐり抜け、執拗《しつよう》に卵や雛を狙うのがカラスやチョウゲンボウである。LTPでは、たくさんの学生や研究者、野鳥保護の関係者が参加し、コアジサシ保護と生態研究を行っている。特に興味を引いたのは、抱卵中のコアジサシを上空から襲ってくる猛禽類から守るための「まもる君」であり［口絵10－②］、孵化した雛が身を隠すレンガ［写真25］やネトロンパイプなどのシェルターである［口絵10－③］。
コアジサシ自身が必死で身を守ろうとし、さらに人による保護活動がそれを後押ししているが、それでもカラスやチョウゲンボウが執拗に襲ってくる。人とカラス・猛禽とのせめぎ合いが続いている。

［26］福祉施設の屋根の上で繁殖するオオセグロカモメ（北海道羅臼町）

屋上で繁殖するカモメの仲間

屋上で繁殖する水鳥はコアジサシだけではない。2018年6月、北海道の羅臼町《らうすちょう》にある福祉施設の屋根で繁殖中のオオセグロカモメを見つけた。緩やかな傾斜の屋根に小枝や枯れ草を集めて営巣し、合計11巣で抱卵中であった［写真26］。羅臼町以外でも、知床《しれとこ》半島のウトロや紋別《もんべつ》の屋根でもオオセグロカモメが繁殖していた。

北海道の野鳥に詳しい大橋弘一《おおはしこういち》氏によれば、「札幌市中心部のビル街の屋上でオオセグロカモメが繁殖しておりすっかり定着している」という。今やオオセグロカモメはビル街で繁殖する都市鳥の一員なのである。

海岸の草つきの斜面や岩場などで繁殖していたオオセグ

ロカモメが、ビルの屋上などを岩場の代替環境として利用したのである。

一方、隅田川周辺のビル屋上ではウミネコが繁殖するようになった。[5] もともとは上野動物園で保護していたウミネコを不忍池に放したものが畔で繁殖するようになった。2003年にはボート池事務所の屋根で、2013年には池から離れたビル街の屋上で繁殖するようになった。

［27］隅田川沿いのビル群（上はビルの屋上で繁殖するウミネコ）

２０１４年以降は墨田区や江東区、中央区のビル街屋上へと広がり、場所を変えながら繁殖している［写真27］。

ウミネコは川に近い7～13階のビルの屋上で繁殖する。屋上は梯子《はしご》がないと上れない。人の出入りがないため繁殖を邪魔されない。しかも屋上の緑化が進み巣材を入手しやすい。また、近くの隅田川ではコノシロやスズキ、カタクチイワシなどの餌も入手しやすい。天敵のハシブトガラスに対しては集団で反撃し追い払ってしまう。今や都会のウミネコはカラスと互角であり、都市生態系の頂点に立っているかに見える。ただし問題は人との関係である。糞害や昼夜を問わずの鳴き声は住民にとっては迷惑である。今後、人とウミネコがいかに共存していけるか、その方策が求められている。

第5章

都市生態系の頂点「カラス」

1　新たに得られたカラス情報

拙著『カラスはどれほど賢いか』（中公新書）を出版したのは1988年。東京都心で急増するカラスの個体数調査、集団ねぐらでの神経質な振る舞い、都会ならではの子育て法、発信機をつけての行動調査、スカベンジャー（自然界の分解者）としてのカラスの役割、賢さや遊び、カラスのファッションや神話など、当時知り得たカラスに関するすべてを紹介したつもりであった。

しかし、出版してはや35年が経《た》ち、カラスを取り巻く環境は大きく変化し、その後に知り得た知見も膨大なものがある。カラスが食べる生ゴミ事情も、都心のカラスの個体数も変動し、カラスの集団ねぐらや知的行動、あるいは関東地方で急増中のミヤマガラスなど、追加したい情報が膨れ上がってきた。とりわけ猛禽類の都市進出については35年前とは様変わりしたといってよいだろう。都市生態系の頂点が、「人とカラス」の支配する時代から「人とカラス、猛禽類」が鼎立《ていりつ》する時代に変化してきたのである。さらにバブル経済とその崩壊、あるいは新型コロナ禍による都会人の生活スタイルの変化もまたカラスの生態に影響していることが明らかになってきた。

本章では、新たに得られた興味深い知見を中心に、カラスを取り巻く都市鳥や都市環境との関係を読み解くことにする。

横暴なカラスの振る舞い

都会のカラスの振る舞いはとても横暴に見える。第2章で触れたように、都市でツバメが激減した原因の一つはカラスによる捕食である。カラスは一度でもツバメの卵や雛を捕食すると、その手口を覚えてしまい街のツバメの巣をことごとく襲ってしまう。

カラスが襲うのはツバメだけではない。巣箱や屋根裏などで繁殖するスズメやムクドリなども狙われる。雛の鳴き声を手掛かりに執念深く巣立ちの日を待ち、飛び出たところを捕食する。巣立ち雛は直線的にしか飛べず、方向転換してカラスをかわすことができずに餌食になる。

また、公園や駅前で群がって採餌しているドバトに、いきなりカラスが襲いかかり、力ずくで押さえつけて頑丈な嘴で胸や内臓などを引き千切って食べる。まさに猛禽類の振る舞いである。ネズミやモグラ、カナヘビやトカゲなどの小動物も捕食する。動物の死骸はもとより飢えと寒さの厳しい厳冬期には共食いも辞さない悪食ぶりである。

小鳥たちの反撃

カラスはツバメやスズメの雛を捕食する。しかし、第2章で述べたように、巣を襲うカラスに対し、ツバメは果敢に立ち向かって反撃する。いわゆる擬攻撃（モビング）である。興味深いのは、反撃するツバメの鳴き声に反応し、近所で繁殖中のツバメやスズメが集まってくることだ。平時にはツバメの巣を横取りしようとするスズメが、共通の敵カラスに立ち向かうのである。さらにムクドリやハクセキレイが加勢し地域住民総出でカラスを追い払おうとする。それでもカラスは、強引にツバメの雛を捕食しようとする。カラスもまた子育て中の雛を抱えて動物質の餌を必要としているのだ。

ときにカラスが小鳥を救うこともある。ツミやチョウゲンボウなどの小型猛禽類は、スズメやツバメなどの小鳥にとって恐ろしい天敵である。鋭い爪で一瞬にして小鳥を引っかけ、首を切断して羽毛をむしり引き千切ってしまう。ところが、その猛禽類をいち早く発見し、攻撃するのがカラスである。もちろんスズメやツバメを守るためではない。カラスによるカラスのための自己防衛なのだが、結果としてカラスの近くにいるスズメやツバメの安全に貢献している。

ハシブトガラスとハシボソガラス

日本にはカラスの仲間（カラス属）が6種類記録されている。[1] まとめてカラスと呼ぶこともある。全国的に広く分布しているカラスはハシブトガラス（ハシブトとも記す）とハシボソガラス（ハシボソとも記す）である。図1は両者の形態や生態の違いをまとめたものである。

ハシブトガラスは嘴が太く、体が大きい。見通しの悪い熱帯のジャングルをルーツにし、都心のビル街（いわゆるコンクリートジャングル）や奥多摩の森林などに生息している。一方ハシボソガラスは、嘴は細く、体はやや小さい。北方の見通しのよい草原をルーツとし、郊外の田園地帯や河川敷の開けた環境に生息。東京郊外では両種が混在していることが多い。

ハシブトガラスがハシボソガラスに対して一方的に優位かというと、そうでもない。一緒に行動することもあるし、繁殖期にはハシボソガラスの縄張りに入ったハシブトガラスが追い出されることもしばしばである。

	ハシブトガラス	ハシボソガラス

体長	57cm	50cm
嘴	太く、大きい	細く、小さい
鳴き声	カーカー	ガーガー
生息地	ビル街、森林	田園、河川敷
ルーツ	熱帯ジャングル	北方の草原地帯
英名	Jungle crow	Carrion crow
食性	雑食	雑食

［図1］ハシブトガラスとハシボソガラスの比較

急増する第三のカラス

いま、ハシブトガラスでもハシボソガラスでもない、「第三のカラス」が関東平野で急増している。ハシボソガラスよりさらに小柄、尖った嘴の基部が白っぽく見える。「カア」でも「グアァ」でもなく、「カララ」と鳴く。冬季限定の冬鳥で、郊外の水田地帯で群れ生活をする。正体はミヤマガラスである［写真1］。２０１９年ころより、いきなり数千羽、数万羽の大群が九州や東北の大都市に出現し、商店街に糞害や騒音をもたらすことからマスコミにも登場するようになっ

［1］嘴の基部が白く見えるミヤマガラス。関東平野で急増している

た。

ミヤマガラスは中国北部やシベリアで繁殖し、秋に日本に飛来して越冬する。1970年代までは朝鮮半島を経由して主に九州地方で越冬していた。これを「南ルート」という。1980年代に四国や中国地方、日本海側へと分布を拡大した。南ルートとは別に、日本海を横切って北海道南部や津軽《つがる》半島を経由して南下する「北ルート」が明らかになった。(2)

ミヤマガラスは、関東ではまだ新参者である。初認は茨城県1998年、栃木県・埼玉県2000年、神奈川県2001年であり、年々増加し分布も拡大している。

コクマルガラスも混じる混群

越冬中のミヤマガラスは、常に群れで行動しており、日中の大半は水田地帯で落ち穂や昆虫、ミミズなどを食べている。警戒心が強く、そっと接近したつもりでも、200～300mの距離で飛び立ってしまう。ミヤマガラス（体長47cm）の群れの中に、さらに小柄なコクマルガラス（33cm）が少数混じっていることがある。大きさはキジバト大である。コクマルガラスには「淡色型」と「暗色型」の2タイプがある。淡色型は白黒のパンダ模様で数が少ないことから珍鳥として人気がある［写真2］。

関東地方のミヤマガラスは、今のところは郊外の水田地帯に生息している。山部《やまべ》直喜《なおき》氏らによる久伊豆《ひさいず》神社（越谷市）における集団ねぐらの調査によれば、2018年にはカラスの総数は5775羽。その内訳は、ミヤマガラス約1100羽+、コクマルガラス約40羽+、残る4635羽がハシボソとハシブトであった③。久伊豆神社の集団ねぐらでミヤマガラスを初めて記録したのは2012年、コクマルガラスは2013年であった。ミヤマガラスはわずか5〜6年で1000羽を超える勢いで増加し

［2］ミヤマガラスの群れに混じるコクマルガラス（淡色型）（篠原五男撮影）

［3］水田地帯の電線に止まる約500羽のミヤマガラスの群れ（埼玉県南東部。2021年）

たことになる［写真3］。

2　カラスの集団ねぐらを読み解く

カラスに関する質問で多いのは、「東京にはカラスは何羽いますか？」、「増えていますか？減っていますか？」など個体数に関するものである。簡単なようで案外と難しいのが個体数である。そもそもどうやって羽数を数えたらよいだろうか。また、個体数の増減は過去の記録と比較する必要があるが、過去に街中のカラスの羽数を数えた人がいるのだろうか。

1982年に都市鳥研究会が発足し、会として最初に取り組んだのが都心のカラスの個体数とツバメの営巣数調査である。20世紀後半の記録を残しておくことは、将来の鳥類研究にとってきっと役立つであろうとの思いがあった。あれから40年が経ち、ようやく個体数の変化を比較しながらカラスやツバメから見た東京について語れるようになってきた。

カラスの羽数調査は、集団ねぐらに戻ってくるところを数えることにしている。特に厳冬期になると、ほとんどのカラスが集団ねぐらに集合する。夕方、カラスがねぐらに戻ってくるところをカウントすれば、その地域の羽数をほぼ掌握することができる。

カラスの個体数調査法

東京の都心（おおよそ23区内）には、カラスの大きな集団ねぐらが3ヵ所ある。自然教育園（港区）、明治神宮（新宿区・渋谷区）、豊《とし》島《ま》ケ《が》岡《おか》墓地（文京区）である。いずれも夜間には立ち入りが禁止されている都会の緑地である。この3ヵ所のカラスの羽数を合計したものが、東京都心のカラスの羽数とみなすことができる。

カラスの個体数調査は人海戦術で行う。ねぐらとなる緑地の周囲を取り巻くように何ヵ所か観察ポイントを設定し、観察ポイントの間を通過するカラスの羽数をカウントして合計する［図2］。ねぐらから出て行く羽数を引き算すればよい。

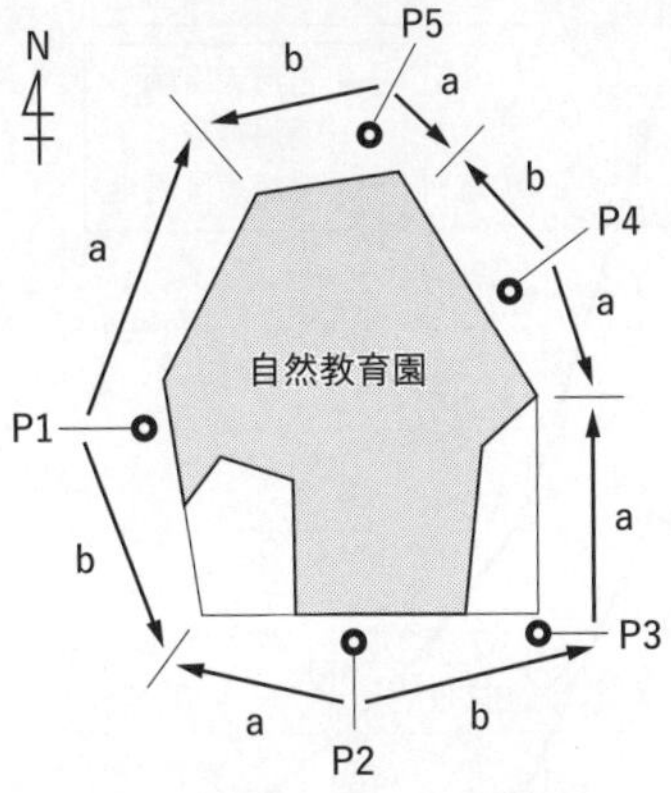

［図2］自然教育園における調査ポイント（P1～P5）と調査分担範囲（a、b）

カラス調査の準備で重要なのは調査員の確保と観察ポイントの設定である。

1つのねぐらで5ヵ所の観察ポイントを設定し、各観察ポイントに4名を配置すると20名、3ヵ所のねぐら調査では60名が必要になる。

カウントしやすい観察ポイントは時代によって変化した。1985年当初はマンション屋上を使わせてもらった。見通しがよく調査には最適であった。2000年までは、お願いすれば気前よく貸してもらえた。ほぼ半数はマンショ

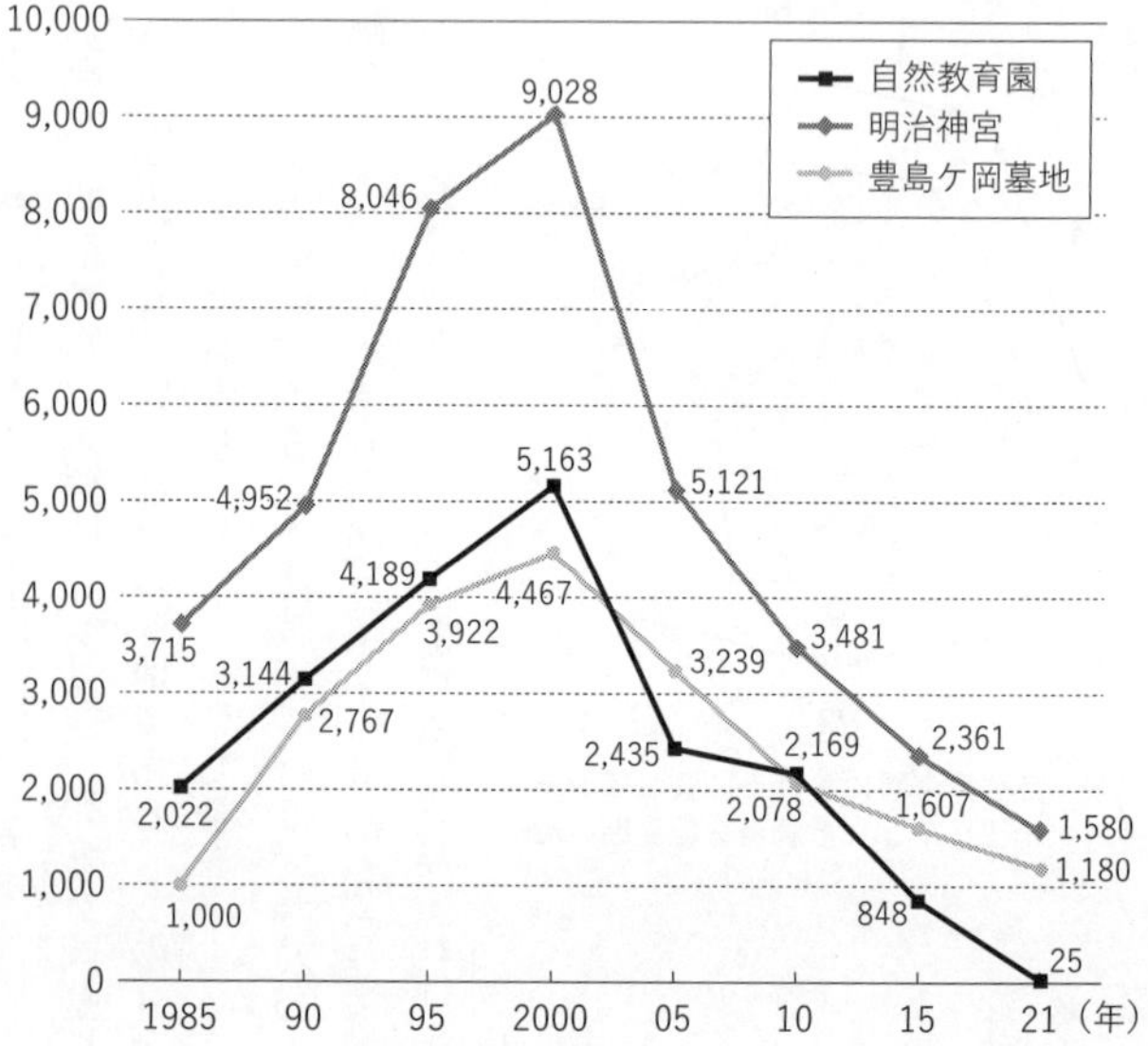

［図３］都心のカラスの集団ねぐら（３ヵ所）の羽数の36年間の変化（唐沢他，2021）

ンの屋上を利用した。ところが、２００５年調査では１ヵ所だけとなり、２０１５年以降はすべて路上や陸橋の上での調査となった。

屋上が使用できなくなった背景には、１９９０年代に都心で増加した凶悪犯罪やロケット弾テロなどの社会情勢の変化が挙げられる。さらに決定的なのは２００１年９月11日のニューヨーク同時多発テロである。屋上への出入りは厳しく制限されるようになった。犯罪が増え、生活にゆとりやお目こぼしがなくなってきたのである。

急増した都心のカラス

第１回調査を１９８５年に行い、

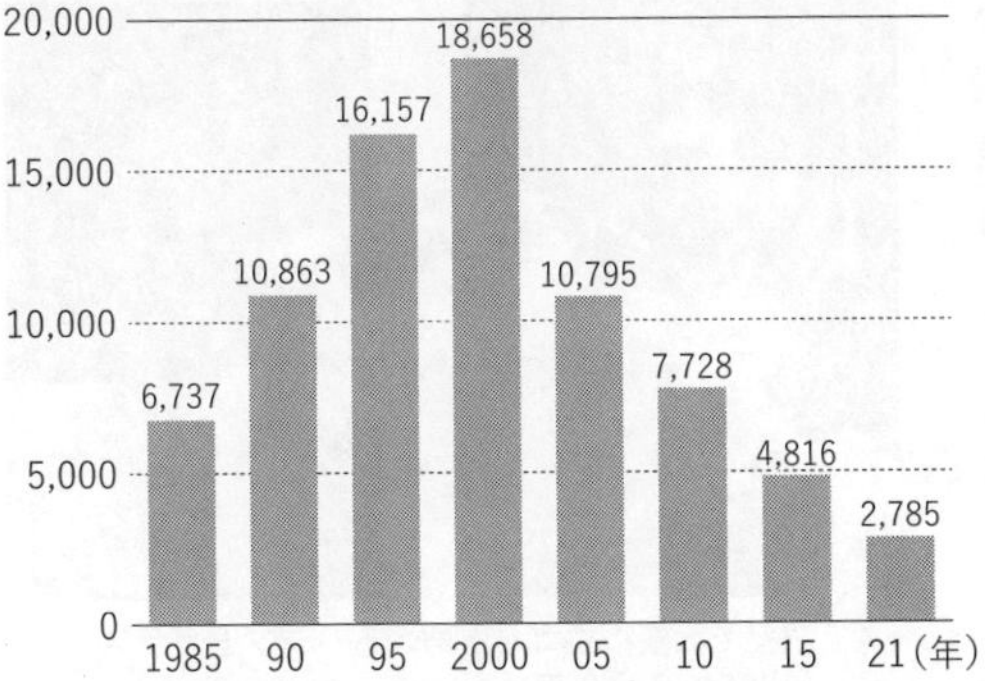

［図4］東京都心のカラスの集団ねぐら（3ヵ所合計）の羽数の36年間の変化（唐沢他，2021）

以後5年ごとに2021年（2020年調査を1年延期）までに8回実施した。その結果が図3と図4である。大事なことは「同じ場所、同じ方法」で長期にわたって「継続」できるかどうかである。10年、20年、30年と「調査を継続することにより初めて見えてくる世界がある」というのが、筆者が自然から学んだことの一つである。

調査結果からまず気づくのは、1985年（第1回調査）から2000年（第4回調査）の急増ぶりである。15年間で約3倍になり、ゴミをあさるカラスが社会問題になった。東京都や区への苦情が殺到。石原慎《いしはらしん》太郎《たろう》都知事の声掛かりで2001年にはカラス捕獲作戦が始まった。

カラス急増の主な原因は餌となる生ゴミの増加である。1980年代に飽食の時代を迎え、バブル経済（1986〜91年）がこれを後押した。早朝の銀座や渋谷の路上はハシブトガラスの好む肉や天ぷらなどの生ゴミで溢《あふ》れんばかりであった。当時はポリバケツに入れたままで蓋もせずに路地に山積みされ、深夜にもゴミが出された［写真4］。早起きカラスにとっては食

［4］銀座で大量の生ゴミをあさるハシブトガラス
（1996年8月9日）

べ放題である。

ゴミ収集作業は朝からフル活動してはいるが、ゴミの量が多すぎて回収が間に合わない。さらに当時の東京湾ゴミ処分場では、生ゴミはそのまま捨てられ、カラスやユリカモメが群がって食べる光景が見られた。カラスの急増は、バブル経済を象徴するものであった。

減少に転じた都心のカラス

ところが、２０００年をピークにカラスの羽数が減少に転じた。その後の激減ぶりにも驚かされる。２０００年から２００５年のわずか5年で42％減。第7回調査（２０１５年）では第1回調査の６７３７羽を下回る４８１６羽にまで減少し、２０２０年の第8回調査でどこまで減少するのか、注目された。ところがコロナ禍のために調査は1年延期となり、２０２１年12月の実施となった。結果は驚くべきものであった。なんと3ヵ所のねぐらの合計が２７８５羽である。第7回調査のほぼ半分にまで激減したのである。

２０００年ころ、東京には溢れんばかりのカラスがいた。住宅地にもオフィス街や公園にも、

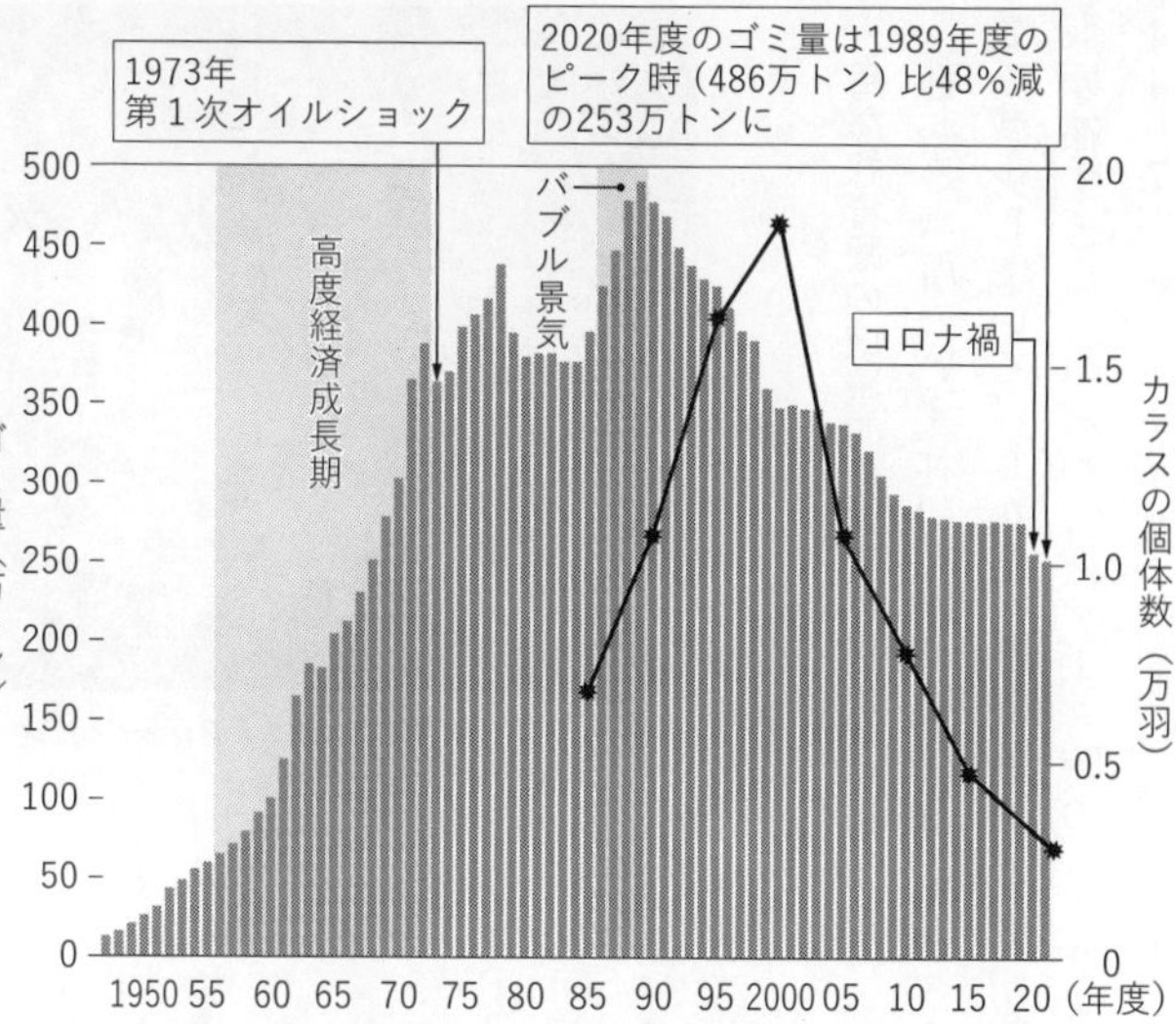

［図5］東京23区のゴミ量推移とカラスの個体数変化（唐沢他, 2021）

いたるところにカラスがたむろし、上空を飛び回り、鳴き声が聞こえた。ところが最近、都内に暮らす知人に尋ねると「そう言えばカラスが少なくなったねぇ」と言う。

カラスはなぜ減少したのだろうか。最大の原因は生ゴミの減少である。行政と住民が協力してゴミの減量に取り組み、分別収集や資源化（リサイクル）も進んだ。カラスの世界でも食べ放題の生ゴミバブルが崩壊したのである。

都会のカラス問題の本質は、カラスが悪いのではなく、人の廃棄した生ゴミが原因であることは明白である。東京23区のゴミ量の推移[4]とカラスの羽数変化のグラフを重ねると、両者の関係がはっきりと読み取れる［図5］。ゴミ量は高度成

［5］カラス対策を施したゴミステーション
（千葉県市川市）

長を経て、さらにバブル経済によって1989年に最大（486万トン）に達した。カラスの羽数は、ゴミの増加から約10年のタイムラグを経て2000年に最大値に達している。

2005年以降は、ゴミの量はほぼ横ばいであるが、カラスの羽数はさらに激減している。カラス対策が徹底してきたためであろう。ゴミを覆うカラスネットの普及、ゴミステーションの管理［写真5］、生ゴミの深夜回収など、様々な取り組みがなされてきた。東京都によるカラス捕獲作戦もカラスを減らす取り組みの一つであった。

自然教育園の壊滅的な減少

都心3ヵ所のいずれの集団ねぐらも、1985〜2000年に急増し、2000年以降は軒並み減少している。しかし、2021年12月実施の第8回調査結果では、減少ぶりがあまりにも極端すぎる。明治神宮はピーク時の9028羽から1580羽（82％減）、豊島ケ岡墓地も4467羽から1180羽（74％減）。自然教育園は5163羽からなんとわずかに25羽（99・

5%減）にまで減少した［図3］。もはや集団ねぐらが維持されているのかどうかも疑わしいほどだ。

自然教育園でこれほどまでに減少した理由は何だろうか。考えられる原因は二つ。一つは、2019年からの新型コロナによる影響である。コロナ禍のための外出や外食の自粛、パーティーやイベント、冠婚葬祭の中止や自粛である。都心のカラスが主な餌場としていた繁華街での生ゴミが激減したのである。

カラスの衝撃的な激減はコロナ禍との関連もあり、第8回調査の結果はマスコミでも大きく取り上げられた。東京新聞では朝刊一面トップ記事として掲載（2022年1月26日）、産経新聞（2月27日）や*Japan Times*（4月9日）、朝日新聞（4月12日）、読売新聞（5月9日）と続いた。カラスの急増期にはゴミを散らかす社会問題としてマスコミに登場し、カラスが減少し被害や苦情が減少した今回は、コロナ禍に伴う飲食店の休業やテイクアウトの増加といった都会人の生活スタイルの変化やゴミの減量などと関連して大きな反響があった。都会のカラス問題は、実は人間社会の問題であることは明白である。

カラス減少の背景を読み解く

自然教育園でカラスが減少した第二の要因は、オオタカやハヤブサなどの猛禽類の都市進出である。詳細は第6章「カラスと猛禽」に譲るとして、オオタカはカラスの捕食者であり、そのオオタカが都心の大緑地で堂々と繁殖する時代がやってきたのだ。

カラスが圧倒的に多かったときには、カラスは集団の力によってオオタカを追い払った。ところが、個体数が減少するにつれカラスとオオタカのパワーバランスが崩れ、オオタカの都心への進出が促進された。自然教育園では2017年より毎年オオタカが繁殖するようになり、オオタカに捕食されたカラスの死骸の一部をよく見かけるようになった。

今やオオタカは、自然教育園のみならず明治神宮、新宿御苑などの都心の大緑地で普通に繁殖するようになった。

電線でねぐらをとる金沢のカラス

東京のカラスは、夜間は人の立ち入りが禁止されている鬱蒼《うっそう》とした森で、集団で夜を過ごす。ねぐらにしている樹木の下を人が通るのを極端に嫌うのだ。

ところが金沢市では、カラスが繁華街の電線で夜を過ごし、その下を人が通っている。1990年10月には兼六園下《けんろくえんした》交差点付近の電線で計60羽を数えた。

その後、2004年2月、NHK金沢支局のディレクターから電話が入った。「市内の大通りの電線でカラスがねぐらをとっている」と言う。2月21日、NHKスタッフに案内されカラスが眠るという金沢の現地を訪ねた。

場所は金沢城公園の北側の大通り。NTT金沢支店ビルから大手町病院にかけてのビル街である。その数約400羽。電線に止まっているのはすべてハシブトガラスであった［口絵11－②］。歩道はカラスの糞で真っ白であり、道行く人はカラスの糞を避け、反対側の歩道を歩いている。東京都心の集団ねぐらでは、木の下を人が歩いただけで大騒ぎして飛び立ってしまうのとは大違いである。

金沢では金沢城公園でカラスの集団ねぐらが形成されているが、個体数が増えて市街地に進出して夜を過ごすようになったと考えられている。ただし、金沢市では景観美化や防災の立場から積極的に無電柱化が進められている。電線でねぐらをとるカラスは、いずれ姿を消すことになるだろう。

3　カラスの食事と調理を読み解く

カラスウォッチングを楽しむポイントの一つは食事である。といってもカラスを食べるのではない。カラスが食事をするときの「食べ方」を観察するのだ。日本中のいたるところで、カラスは、毎日何かしらのものを食べている。あるいは食物を隠し、求愛のために雌にプレゼントすることもある。その探し方、捕らえ方、隠し方の一つ一つが個性的であり、地域によっても異なる。あたかもカラス版の食文化や地方グルメでも見ているかのようである。

カラスによる調理と足技

ハシブトガラスとハシボソガラスは形態や生態に違いがあるが、カラスとしての共通点も多い。共通点の一つは雑食性である。小動物はもとより果実や種子、残飯、生ゴミ、動物の死骸など、食べられるものは何でも食べる。

もう一つの共通点は足技である。鳥類には歯がなく、かまずに丸のみにするのが食べ方の基本である。大きすぎる食べ物は嘴でつつき、ひき裂き、小さくしてから丸のみにする。こうした食物の処理を「調理」と呼ぶことにする。鳥類による調理で重要なのは「嘴」と「足技」である。ここでは「足技」について紹介する。

スズメやヒヨドリは「足技」が全くできない。獲物を捕らえても嘴でくわえたまま、頭を激しく左右に振ったり、グルグル回転したりする。それでも千切れずに四苦八苦する。ビフテキをナイフ（嘴）だけで切ろうとするようなものだ。一方カラスは、獲物を足（フォーク）でしっかりと固定、嘴（ナイフ）で千切ることができる。猛禽と同じ調理法である。しかも、カラスの爪は長く頑丈であり、「爪さばき」もまた絶妙である。

シジュウカラやヤマガラも足を使う。足でドングリや昆虫などを固定し、嘴でつつく。モズは足技がない。獲物を足で固定できないため枝先や刺《とげ》などに刺して固定し、ひき裂く。この調理法が早贄《はやにえ》である。足の弱いツバメは、足技どころか歩くのもままならない。足を全く使わず、飛翔昆虫をストレートに丸のみにする。

共通点の第三は、食べきれない食物を秘密の場所に貯《たくわ》える、「貯食」である。後で、必要なときに利用でき、食料の安定確保に役立っている。

［6］ハクレンの目をつつくハシブトガラス

魚の目を抜くカラス

筆者は早朝の江戸川土手で長期にわたり鳥類調査を行ってきた。今でも川沿いをよく散歩する。散歩中に目にするのがハクレンの死骸である。ハクレンは体長１ｍを超える大魚で中国からの移入種である。腹部は白く、受け口で顎が発達している。目は顔のかなり下につくので「シタメ（下目）」ともいう。

これだけ大きくて目立つ魚をカラスが放っておくはずはあるまい、と思っていたところ、２０２０年5月17日、真新しいハクレンの死骸をつつくハシブトガラスに出あった。横腹や背をつつくのだが、歯（嘴）が立たない。鱗《うろこ》が予想以上に固いと見える。すると今度は、頭のほうへ移動し、ハクレンの顔を覗き込むようにして目をつつきはじめた［写真6］。脊椎《せきつい》動物の頭部は固い頭骨で覆われている。ところが唯一の弱点が目である。「生き馬の目を抜く」という言葉があるが、江戸川のカラスは、「死んだ魚の目」を抜いたのである。

ハシブトガラスはサケの死骸も食べる。2009年11月9日、産卵のために那珂川《なかがわ》(栃木県)を遡上してくるサケの観察に出かけた。ゴムボートで川を下るラフティングを体験した際、ハシブトガラスがサケの死骸を食べるシーンを目撃した。産卵を終えたサケの命は尽きてあちこちの浅瀬に横たわっている。北海道ではこの死骸を「ホッチャレ」といい、カラスの絶好の食物である。魚の死骸はカラスに食べられ、糞として森や川に供給され植物に吸収され、藻やプランクトンの養分になり、新しく誕生したサケの稚魚たちの栄養になる。こうしてハシブトガラスは河川生態系の物質循環にも一役買っている。

カブトムシを食べたのは誰か?

夏休みの思い出といえば昆虫採集である。今でもカブトムシ採集は子どもたちに人気がある。そのカブトムシ、奇妙な現象を見かける。早朝、カブトムシやミヤマクワガタなどの頭や脚がバラバラに切断されて落ちているのだ。角や大顎がまだ動いている。何者かに食べられたようなのだが、いったい誰の仕業だろうか。

容疑者として思い浮かぶのはカラスとタヌキである。切り口が鋭く切断されていればカラス、切断面が潰れてギザギザであればタヌキである。写真7はカラスの仕業のようである。

　雑木林に赤外線センサーカメラを仕掛けてカブトムシを捕食する動物を調べた研究によれば、深夜に食べるのはタヌキであり、早朝に食べるのはハシブトガラスであった[5]。ハシブトガラスが捕食するときの動画がネット上で公開されている。動画を注意して見ると、何回もカブトムシをつついて弱らせ、足技で地面に押さえつけ、胸部～腹部の間を嘴で切断し、腹部のみを食べている。

［7］カブトムシやミヤマクワガタの死骸（群馬県館林市茂林寺川で撮影）

［8］カブトムシを捕らえたハシブトガラス（越川重治撮影）

　2021年8月25日、越川重治氏は船橋市内でハシブトガラスがカブトムシ（♂）を捕らえるシーンをカメラに収めている。挟まれると危険な頭部を避けて、胸部と腹部の間をしっかりくわえている［写真8］。カブトムシを素手で捕らえるとき、挟まれないように背後からさっと背をつかむのがコツである。カラスも、巧みに頭部の角を避けていることが分かる。被食されたカブトムシは、雌より雄のほうが多く、雄の中でも大きくて立派な角を持つ個体ほど捕食されやすいという。雄の大きな角は雄どうしの闘いには有利に働くが、天敵には目立ってしまい捕食されやすくなる。(6) カブトムシの雄の角も悩ましいものがある。

器用で繊細な「嘴さばき」

ハシブトガラスの嘴は太くて頑丈である。江戸川では巨大なハクレンをつつき、北海道では硬いウニの殻をつついて食べる。力強く、豪腕なイメージがあり、細やかな作業は苦手ではないかと思いがちである。ところが、見かけに反して、「嘴さばき」は実に器用で繊細である。

2010年10月3日、都立野川《のがわ》公園（三鷹市・調布《ちょうふ》市・小金井《こがねい》市）で行ったNPO法人自然観察大学の自然観察会で、ハシブトガラスがクマノミズキの果実をついばむシーンを観察した。わずか5㎜ほどの果実を嘴の先端で一個一個つまんでは器用に食べるのである［写真9］。

ハシブトガラスより嘴の細いハシボソガラスは、さらに繊細で細やかな調理を見せてくれる。2020年12月4日、都立水元公園（葛飾区）で1羽のハシボソガラスがドングリ（スダジイと思われる）をくわえて岸辺に飛んできた。足元にドングリを置いた。ご存じかもしれないが、ドングリというのは種子ではなく果実（堅果）であり、種子の中の子葉に養分が貯えられている。先端部分が尖り表面の皮は硬くてツルツルし、よく転がる。転がることによって種子散布

［９］小さなクマノミズキの果実を器用につまんで食べるハシブトガラス（都立野川公園）

［10］ドングリを足と嘴で調理し器用に食べるハシボソガラス（都立水元公園）

をする。そのままつつくと弾《はじ》かれてしまい遠くに飛んでしまう。

　ハシボソガラスは、ドンクリを岸辺のコンクリの上に置くと右足の長い爪でしっかり押さえつけた。しかし、そのままつついても皮は硬く滑ってしまう。そこで目をつけたのがドングリの底の部分（へそ）である。「へそ」は、ドングリが殻斗《かくと》に収まっていたときに母樹から養分が送りこまれていた部分であり、凹凸があり滑らない。ハシボソガラスはここを根気よくつつき、ついに皮の半分を剝《は》がした。ここまで調理すれば栄養の詰まった子葉を食べるのは容易である。子葉を細かく千切り、嘴の先端で破片の一つ一つをつまんで食べた［写真10］。その巧みな「嘴さばき」「足（爪）さばき」にはただただ感心するばかりである。

学生たちと観察した貯食行動

ハシボソガラスは田園地帯や河川敷などの見通しのよい環境を好む。田んぼの畦《あぜ》をゆっくり歩きながら、ケラやミミズなどの小動物を捕食する光景はいかにもハシボソガラスらしい。尾羽をゆっくりと右に左にと振りながら歩く姿は鳥類界の「モンローウォーク」であり、なんとも艶《なま》めかしい。

筆者は高校の生物教師を退職してから7年間、埼玉大学教育学部で「自然観察入門」を担当した。見沼《みぬま》田んぼを一巡する野外実習は、自然に触れる機会の少ない学生たちにとって新鮮であり、筆者も教師の卵を育てることにやり甲斐《がい》を感じていた。

2007年5月22日、学生と一緒に水田地帯を移動中に1羽のハシボソガラスを見つけた。田の畦をゆっくりとモンローウォークをしている。距離にして30〜40m。観察するにはほどよい距離である。ハシボソガラスを見ながら、「ハシボソガラスはこうした見通しのよい環境が大好き。地上を歩きながら獲物を捕らえる……」などと学生らに解説。よく見ると、嘴に赤っぽいものをくわえている。すかさず、「カラスは捕らえた獲物を草むらなどに隠す貯食の習性があるので注意して観察してみよう」、と言い終わったときである。カラスが立ち止まり、くわえていた赤っぽいものを草むらに隠したのである［写真11］。

ハシボソガラスが飛び去った後、草むらの中から首のないハタネズミを取り出して見せると、学生たちから「オ～」というどよめきが起こった［写真12］。野外実習で、カラスの貯食行動の一部始終を観察するなど、よほどの幸運という他はないだろう。

［11］田んぼの畦を歩き、草むら（円内）に獲物を隠したハシボソガラス

［12］ハシボソガラスが貯食したハタネズミ（さいたま市・見沼田んぼ）

生々しいハシボソガラスの朝食

2019年6月2日早朝、我が家から近い大洲《おおす》防災公園でムクドリの幼鳥を食べるハシボソガラスを観察した。大勢の人がラジオ体操をやっているのを横目に、捕らえたムクドリを池の水に浸《つ》けてから石の上へと運ぶ。足爪でしっかりと押さえつけ、頭部を切

り離して内臓や胸筋をひき裂くという生々しい調理を見せてくれた。

［13］台風による暴風雨で落命した若いムクドリの山（市川市大洲防災公園）

２０１９年９月８日夜、千葉県を台風15号が通過し暴風が吹き荒れた。「令和元年房総《ぼうそう》半島台風」と命名された巨大台風である。房総半島では送電用鉄塔や電柱、ゴルフ練習場の鉄骨などが倒壊し甚大な被害を被った。翌朝、我が家に近い大洲防災公園ではソメイヨシノやプラタナスで集団ねぐらをとっていたスズメやムクドリの死骸が多数地面に落ちていた［写真13］。

ハシボソガラスがスズメの死骸に近寄り、１羽をくわえて飛び立った。石の窪みに溜まっている雨水にスズメを浸し、羽を引き抜きはじめた。なんとも残忍な行為にも見えるのだが、都市生態系にあっては、カラスはこうした動物の死骸を処理するスカベンジャーとしての役割を担っている。

２０２０年５月24日早朝、公園ではラジオ体操を行う人が集まっていた。２羽のハシボソガラスがミシシッピアカミミガメを前後からつついている。亀は必死に池のほうに向かうのだが、身動きとれずに立ち往生である。「カラスは亀をどう調理するだろうか……」と思って見ていると、ラジオ体操に来ていた年配のご婦人が見兼ねて亀を池に放してやった。

水面に放された亀を見て「ハッ」と我に返った。ハシボソガラスの捕食行動を見たい、写真に撮りたい。そんな思いが勝っていたにちがいない。動物生態学を学び客観的に生物を観察したいという思いもあったが、随分と命を軽んじている自分と向き合ってしまった。学生時代に読んだ『近代人の疎外』（パッペンハイム、岩波新書、１９６０）を思い出し、後味の悪い思いをした。

集団クルミ割り行動

クルミは硬くてカラスの嘴をもってしても割れない。そこでカラスは、「上空から落とす」「車に轢《ひ》かせる」などの方法で割って食べる。

上空から河原の石や舗装道路などに落として割るカラスは全国各地で観察されている。車に轢かせて割るカラスは、仙台市内の自動車教習場や東北大学へ向かう途中の道で観察されて話題になった。筆者も何ヵ所かで観察したことがある。クルミを割って食べるのはいずれもハシボソガラスによる単独行動であった。

ところが、２０２１年11月、長野県諏訪湖《すわこ》で観察したハシボソガラスは単独ではなかった。湖畔のT字路交差点付近の電線に15〜16羽が、道路に面したフェンスにも5〜6羽が止まり、道行く車の流れを見下ろしている。

カラスは車が信号待ちしているときに路上にクルミを置き、信号が変わって車が動きだすのを待っている。「バーン」という大きな音がしてクルミが割れると、一斉に路上に舞い降り、砕けたクルミの破片をつつく。カラスの集団クルミ割り行動である［口絵12］。オートバイや車の中には、路上のカラスを避けて徐行していくものもいる。

クルミは湖畔の土手から取り出して路上へと運ぶ。あらかじめ貯食しておいたものであろう。翌日も、朝から「集団クルミ割り行動」を観察した。たまたま乗ったタクシーの運転手に尋ねると、「大分前から見てますよ」「カラスが飛び出て、急ブレーキをかけたこともある」と言う。観光案内所で尋ねると「珍しいですか？　みんな知ってますよ」とのことである。

諏訪湖周辺では集団でのクルミ割りが当たり前になっている。群れに加わったカラスはクルミ割り行動を体験し、学習するため、個体群全体でこの行動を共有することになる。

豊富な海産物を食す

2019年6月11日、北海道羅臼町から野付《のつけ》半島を経て根室へと海岸線の道を南下した。路上からハシボソガラスが舞い上がり何かを落とした。しばらく行くと、また同じように空中から何かを落とす。車を止めて調べてみると、新鮮なアサリが落ちて割れていた［写真14］。殻を割って中身を食べようとしていたのだ。

北方領土（国後島《くなしりとう》）を間近に見ながら、車はさらに南下し、別海町《べつかいちょう》の床丹《とこたん》海岸付近に差しかかった。２羽のハシボソガラスが空中から貝を落とした。そっと車内から見ていると、割れた貝をくわえて近くの林へと飛び去った。しばらくすると舞い戻り、再び貝を割って林に運ぶ。どうやら子育て中の雛に貝を給餌しているようである。

海岸の堤防の上も下も、大小様々な貝殻が数百mにわたって落ちている［写真15］。カニ漁

［14］カラスが路上に落として割ったアサリ

［15］堤防の上にも下にも、カラスが割ったおびただしい数の貝殻が落ちていた

［16］カラスが割って食べた貝類やカニ、ウニなどの殻

から戻った漁師に尋ねると30～40年前から貝を割って食べているという。割れた貝殻を拾って並べてみた。ホタテガイ、ウバガイ（ホッキガイ）、ムラサキイガイ、ツブガイなどの貝類の他に、バフンウニの殻、クリガニの甲羅や脚などもある［写真16］。北海道のカラスのグルメな食生活を支えているのは、豊富な海の幸と上空から落として割る調理法であろう。

その夜、根室では風露荘《ふうろそう》に宿泊し、興味深い話を耳にした。風露荘はナチュラリストで文筆家の故高田《たかだ》勝《まさる》氏が経営し、鳥仲間の常宿として名が知られている。現在は奥様が経営を引き継いでいる。夕食後、別海町の貝を割るカラスが話題になった。奥様が言うには、「40～50年前、子どもが小さかったころ、カラスが落とした貝を拾ってきて食べた」、「鮮度が高くとても美味《おい》しかった」とのことであった。

「食」に根ざした賢い行動

2021年3月5日、柴又《しばまた》の帝釈天《たいしゃくてん》（葛飾区）に近い江戸川河川敷で、1羽のハシボソガラスを見つけた。高さ1mほどの水道の柱（立水柱）に止まり、嘴で石鹸《せっけん》の入った網を引っ張り上げようとしていた［写真17］。網の中の石鹸がお目当てのようである。

嘴で紐《ひも》を挟んで引き上げ、引っ張った紐を足爪《つ》で押さえ、さらに紐をくわえ直して引っ張り、ついに石鹸をたぐり寄せた。石鹸を吊り上げるのに成功したのは見事な「足技」にあった。

カラスは確かに賢い鳥だ。そう思わせる行動の大部分は「食」が絡んでいる。何としてもこれを食べたい、その願望の強さが、いかに獲物を捕らえ、調理し、隠すかなどの工夫につながっている。

これまでカラスの賢い行動といわれたものとしては、上空からクルミや貝を落として割る行動、路上にクルミを置いて車に割らせる行動、ニューカレドニアカラスでは小枝を折って作った道具で朽木内に潜む幼虫を引っ張り出す行動、あるいは針金を曲げて作った道具で容器の中の食べ物を引っかけて取り出す行動などが知られている。いずれも、「食」と結びついた行動ばかりである。

［17］嘴で石鹼を引き上げるハシボソガラス（江戸川河川敷）

カラスは「遊び」をする？

カラスは遊びをする動物として注目されている。拙著『カラスはどれほど賢いか』では、「遊びをするということは、パンのみに生きる動物の次元から解放された動物、つまりはヒトの特徴でもある。ヒトをホモ・ルーデンス（遊戯人）といったのはオランダの文化史家ホイジンガであるが、この定義からすれば

［18］小さなボールを落とすハシボソガラス（江戸川河川敷。2012年11月16日）

カラスは遊戯鳥であり、限り無くヒトに近い存在となろう」と記した。そのうえで、電線や小枝に逆さまにぶら下がる、上昇気流に乗り必死にバランスをとる、滑り台や雪の斜面を滑るなどの行動を紹介した。その後も様々な遊びと思われる行動が観察されている。

ただ、遊びの定義は難しくやっかいである。カラスの遊びの多くは人の子どもの遊びに似ている。子どもはよく遊ぶ。遊びを通して身体能力や仲間とのコミュニケーション能力を高める。そう考えると遊びは有用であり実利として役立っている。遊びとは、生存上の実利を問わず、「心の満足」に関わる行動であるともいえる。一見して「遊び」のように見える行動も、カラスが「本当に楽しんでいるのか」と問われると悩ましいものがある。

江戸川河川敷でハシボソガラスが上空から小さな赤いボールを落とすのを観察した［写真18］。地面に落ちたボールを再び上空に運び、繰り返し落とすのを見ていると、いかにも「楽しんでいる」「遊んでいる」ように見える。しかし、「楽しんでいる」「満足している」のかどうか。それを誰がどう判断するのか、それが問題である。

4　ハシブトガラスとハシボソガラス

東京都心のビル街で繁殖しているカラスの大半はハシブトガラスである。皇居、上野、明治神宮などの緑地でも、銀座、新宿、渋谷、池袋《いけぶくろ》などの繁華街でも、目にするカラスはハシブトガラスばかりである、と思っていた。筆者が都心でハシボソガラスを見たのは、ここ30〜40年で数回にすぎない。

ハシブト、ハシボソのせめぎ合い

都心のビル街や繁華街、あるいは皇居や自然教育園のようにハシブトガラスが圧倒的に優占している区域を「ハシブト優占地域」と呼ぶことにする。一方、都心を取り巻く千葉県、埼玉県、神奈川県などの都市部ではハシブトガラスとハシボソガラスの両方が繁殖している。この区域を「ブト・ボソ混在地域」とする［図6］。

では、「ハシブト優占地域」と「ブト・ボソ混在地域」の境界はどのあたりだろうか。詳細な調査をしたわけではないが、少なくとも山手線内はハシボソガラスの繁殖記録が認められなかったので、ハシブト優占区域であろう。また、23区の周縁部である水元公園（葛飾区）、江戸川河川敷、昭和島（大田区）、多摩川河川敷、荒川河川敷（板橋区）などではハシボソガラスとハシブトガラスの繁殖を確認しているので「ブト・ボソ混在区域」である。

仮に、都心部の「ハシブト優占地域」と郊外の「ブト・ボソ混在地域」との境界線を「ブトボソ・ライン」としてみよう。「ブトボソ・ライン」はどのあたりになるのだろうか。少なくとも、山手線よりは外側であろうと考えられる。

ところが、2021年12月の都心のカラス調査の際に、代々木《よよぎ》公園で18羽のハシボソガラスを観察した。これだけの数が越冬しているとなると、代々木公園で繁殖する可能性も出てきた。さらに、文京区在住の松田道生《まつだみちお》氏からの私信によれば、山手線巣鴨《すがも》駅近くの緑地でハシボソガラスが繁殖しているという。代々木公園も巣鴨駅近くの緑地も山手線よりわずかに外側ではあるが、しかし、ハシボソガラスの繁殖場所がハシブト優占地域に迫っていることは確かである。ひょっとしたら、山手線内でハシボソガラスが繁殖しているのかもしれない、

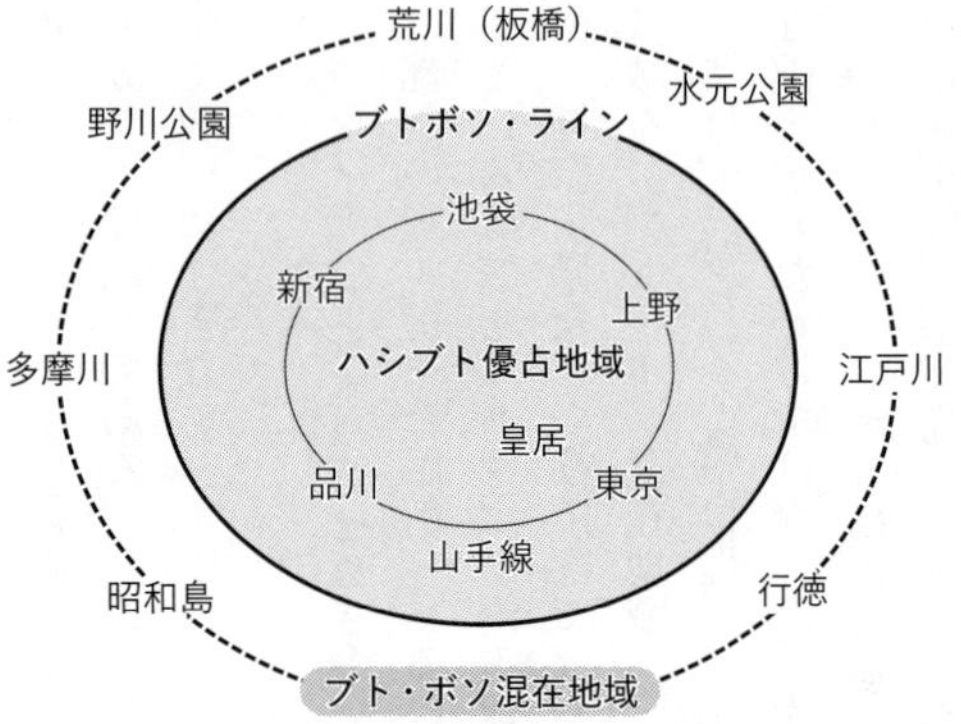

＊「ブトボソ・ライン」の内側はハシブトのみが繁殖し、外側はハシブトとハシボソが混在して繁殖するものと仮定した

［図6］東京都心におけるハシブトガラスとハシボソガラスの繁殖分布のモデル

という思いが強くなってきた。

ハシボソガラスの復活

「ハシボソガラスが山手線の内側でも繁殖している」という情報を入手したのは、本書の原稿をほぼ書き終えた2022年2月であった。文京区在住の井上裕由《いのうえやすよし》氏からの私信によれば、小《こ》石川《いしかわ》植物園（文京区）では2020年からハシボソガラスが繁殖しているという。小石川植物園は山手線の内側である。想定していた「ブトボソ・ライン」の内側にハシボソガラスが進出していたことになる。都心から後退し、姿を消していたハシボソガラスが都心に舞い戻ってきたことになる。

都市鳥研究会によるカラス調査で明らかになったように、都心ではカラスの羽数が急増し、その後に急減した。個体数が変化したのはハシブトガラスである。ハシブトガラスが急増することにより都心のハシボソガラスは減少し、ハシブトガラスが激減することによってハシボソガラスが都心に戻ってきたのではないだろうか。いずれにしても、ハシブトガラスとハシボソガラスの勢力バランスが変化しつつあることは確かである。

「ブトボソ・ライン」はあくまで筆者が仮定したものである。都心でのハシボソガラスの復活に伴い、「ブトボソ・ライン」は徐々に狭められているのかもしれない。

電柱で繁殖するハシブトガラス

ハシブトガラスとハシボソガラスの営巣場所について興味ある研究がある。一つは大阪府高《たか》槻《つき》市、(7)もう一つは山形県鶴岡《つるおか》市(8)である。いずれも田園地帯のカラスを調べたもので、ハシブトガラスは常緑樹を、ハシボソガラスは落葉樹を選ぶ傾向があり、電柱で営巣したのはハシボソガラスのみだという。

千葉県市川市で筆者が観察している区域は、ハシブトもハシボソも繁殖している「ブト・ボソ混在地域」である。2013年の調査ではハシブト8巣、ハシボソ3巣が繁殖した。ハシブト8巣のうち常緑樹での営巣は3巣、残り5巣は電柱3巣、落葉樹1巣、JR市川駅に近いビル外壁の文字盤1巣であった［写真19］。ハシボソ3巣は落葉樹1巣、常緑樹1巣、電柱1巣であった。ハシブトもハシボソも電柱で繁殖している［写真20］。

高槻市や鶴岡市ではハシボソのみが電柱で繁殖したのに対し、市川市ではハシブトもハシボソも繁殖した。市川市のハシブトは、都市環境への適応の一つとして電柱で繁殖するようになったのかもしれない。

カラスが電柱で繁殖し停電事故が発生することがある。電力会社にとって春〜夏のカラスの繁殖期は頭の痛い時期であり、カラスの繁殖状況をチェックし、対策を練る専従チームを編成するという。

しかし、巣を撤去すれば再営巣を促してしまい、かえって停電事故を増やしてしまう。後藤《ごとう》三千代《みちよ》氏は著書『カラスと人の巣づくり協定』の中で、巣を撤去せず、電柱の安全な位置に人工巣（鉄製トランス台など）を設置し、営巣を誘致すること、また、カラスを排除するのではなく、人との共存へと発想を転換することを提唱している。(9)

市川市内のカラスの巣も、以前は電力会社が巣を撤去していた。しかし、カラスの再営巣と

［19］ホテルの外壁の文字盤で営巣したハシブトの巣（JR 市川駅前）

［20］電柱に営巣したハシブトの巣（JR 市川駅付近のビル街）

のイタチごっこになりかねず、また、カラスは鳥獣保護法により保護されていることもあり、今では停電の恐れや人への危害がない限り繁殖中の撤去はしないという［写真21］。

［21］東京電力の電柱の張り紙。巣はカラスの繁殖終了後に撤去された

巣材にこだわるカラス

カラスの巣は外巣と内巣に分けられる。外巣は小枝や針金のハンガーなどを積み重ねて巣を支える基礎部分である。内巣は直接卵が触れる部分で獣毛や羽毛、柔らかい植物の繊維などが敷かれている。停電事故で問題になるのは外巣の枝や針金である。

カラスの巣で興味深いのは、外巣の巣材として巣ごとにほぼ同じ材料が用いられることだ。２０１３年６月に市川市の民家の庭木に営巣したハシブトガラスの場合、巣は地上８ｍと比較的低く、針金のハンガーがよく見えた。その後巣が撤去され、巣材が不燃ゴミとして路地に出されていた［写真22］。巣材を調べてみると、すべてが針金のハンガーからなり、青41本、白13本、ピンク7本、黒6本、緑1本、黄1本の計69本からなり、とてもカラフルであった。

針金のハンガーは、クリーニング店で使用したものが廃棄されたものだ。ただ、現在は針金のハンガーの生産は減少している。一度市場に出回った針金のハンガーが今でも各家庭で使用されておりときどき廃棄される。それをカラスが巣材に利用しているようである［写真23］。千代田区神田《かんだ》神保町《じんぼうちょう》にある専修大学前の電柱では、ハシブトガラスの巣に女性の下着がついたままの針金のハンガーが用いられていた。どこかのマンションのベランダから失敬してきたものであろう。女性は下着ドロボーを疑ったかもしれない。

［22］69本の針金のハンガーを集めたハシブトガラスの巣

［23］針金のハンガーを運ぶハシブトガラス

　鶴岡市の田園地帯のハシボソガラスの巣では、巣によって特定の巣材が集められているという。[10] 庄内《しょうない》柿の産地では剪定《せんてい》したカキの枝のみの巣、だだちゃ豆の産地ではダイズの茎のみの巣、といった具合である。同じ巣材ばかりを集めるのは、巣作りの効率がよいからであろう。

内巣の巣材集め

外巣が特定の巣材に偏るのに対し、内巣の巣材は実に多様である。都会のカラスの内巣で、

［24］樹木の支柱を縛るシュロ縄を千切って巣材にするハシブトガラス

［25］シカの背に乗って毛を抜くハシブトガラス（井の頭自然文化園。2012年12月5日）

比較的多いのはシュロ皮と獣毛、各種の柔らかい紐類である。シュロはヒヨドリなどが種子散布し、温暖化も手伝って都市緑地で急増している。自然教育園（港区）ではシュロ林が発達している。

ハシブトガラスはシュロの幹を覆う繊維質の皮を剝がして巣材にする。また、公園や広場で樹木の支柱を縛るシュロ縄を引き千切り巣材にすることもある［写真24］。

獣毛は、犬の毛繕いで捨てられた毛、動物園の動物の毛などを採集する。井の頭自然文化園では、飼育しているシカの背に乗って毛を引き抜くシーンを何回も観察している。シカは嫌がりもせず毛を抜かせているように見える。しつこいカラスに諦めたのか、それとも夏毛から冬毛への換毛を手伝っていることも考えられる［写真25］。

クレーン車のアームで繁殖

２０１７年5月26日、越谷市で、山部直喜氏に案内してもらいクレーン車のアームで繁殖しているハシボソガラスの巣を観察した。アームの長さは15ｍ。地上13ｍ付近に巣があり、工場の敷地内で稼働中である［写真26］。アームの先端からワイヤーが垂れ下がり、ワイヤーの先端の爪で鉄骨資材を引っかけて持ち上げ、そのまま車体を回転させて目的の位置に資材を降ろす。作業のたびに長いアームが傾く。最大45度まで傾くという。

さらに筆者が驚いたのは、クレーン車を操縦している作業員である。聞けばカラスが繁殖し

［26］
ハシボソガラスが繁殖したクレーン車（矢印は巣の位置）

［27］
新しいクレーン車にすぐに営巣したハシボソガラスの巣

ていることを承知のうえで作業をしている。カラスを追い払ったり巣を撤去したりせず、カラスの子育てを楽しんでいるかに見えた。

　このカラス、2018年以降も繁殖しており2019年にはクレーン車が買い換えられて新しくなったがすぐさまアーム内で巣をつくりはじめた。よほどクレーン車がお気に入りと見える。

　新築の巣を見て「おやっ？」と思ったことがある。針金のハンガーは1～2本混じるのみ、外巣の巣材は小枝やツル植物の茎などで占められている［写真27］。2017年に初めて観察したときの巣は針金のハンガーがほぼ半分を占めていた。明らかに巣材が変化している。針金のハンガーが入手できなくなったのか、別のカラスに入れ代わったのかは不明である。

第6章
カラスと猛禽

ここ数十年、猛禽類の都市進出は著しいものがある。都市における猛禽の比重がじわじわと増すにつれ、都市生態系の頂点に立つカラスとの確執は激しさを増すばかりである。

特にハヤブサ目のハヤブサ、チョウゲンボウ、およびタカ目のオオタカ、ツミの4種は、身近な公園や街路樹、鉄橋などで繁殖するようになり、同じニッチ（生態的地位）を占めるカラスと熾烈《しれつ》な闘いを繰り広げるようになった。さらにそこに夜の猛禽であるフクロウ類（フクロウ、オオコノハズク、アオバズクなど）が参入。昼夜にわたりカラスと猛禽類とのバトルが繰り広げられている。

カラスと猛禽の確執は、スズメやツバメをはじめとする多くの都市鳥の生活に直接影響するだけに、その動向が注目されている。

1　タカとハヤブサでは大違い

都心の上空でバトル

東京スカイツリーなどの高所から東京を俯瞰《ふかん》すると、都心には全く異質な二つの環境が混在していることに気づく。一つは、新宿副都心や東京駅周辺などのひと際高く聳える「超高層ビル群」であり、もう一つは、皇居、明治神宮、自然教育園などの「都市緑地（緑島）」である。高層ビル群は、そそり立った岩場であり、コンクリートの岩峰のように見える。こうした岩場的環境に適応して都市進出したのがハヤブサ目のハヤブサである［写真1］。一方、都心の緑地では高木が生長し、昼なお暗い鬱蒼とした森が発達している。こうした樹林に適応し都市

［1］岩場で繁殖するハヤブサが進出した超高層ビル群（新宿副都心）

［2］林で繁殖するオオタカが進出した緑地（明治神宮の森）

進出したのがタカ目のオオタカである［写真2］。

都心の皇居や明治神宮で自然観察会を開催していると、突然、上空が騒がしくなることがある。見上げると、オオタカやノスリ、あるいはトビやハイタカなどの猛禽を何羽ものカラスが取り巻き、執拗に追撃する光景を目にする［写真3］。また、池の水面で静かに羽を休めていたカモ類が急にざわめき立ち、一斉に飛び立つことがある。遠くから飛来する猛禽類を水鳥がいち早く察知したのだ。

［3］ノスリ（写真中央）を取り巻いてモビングするハシブトガラス（明治神宮）

今や都市鳥の多くは、人への警戒よりも猛禽類の接近に神経を尖らせている。

接近する猛禽類を素早く発見し反応するのがカラスである。大騒ぎするカラスの声を合図に、ヒヨドリやシジュウカラ、ヤマガラなどはすぐさま身構え警戒する。小鳥たちにとってカラスは決して安心できる相手ではないが、猛禽類から身を守るうえでは重要な隣人である。

猛禽類って何者？

カラスと猛禽類は共に都市生態系の頂点に立つライバルであり、宿敵である。では猛禽類とは何者だろうか。

猛禽とは「鋭い爪と嘴を持ち、他の動物を捕食する習性のある鳥類の総称である」と定義されている。分類学的に「猛禽」というグループがあるわけではない。

タカ目、ハヤブサ目、フクロウ目などを猛禽類と呼んでいるが、分類学的には全く異なるグループである。獲物を捕食するという同じ目的のためによく似た形態へと進化したのである。

	タカ目	ハヤブサ目

種類	オオタカ・トビ・ツミ	ハヤブサ・チョウゲンボウ
嘴	上嘴－鉤状	上下－凹凸あり
ヒゲ	なし	黒いヒゲ
虹彩	黄色	暗褐色
翼の先	先が分離	先が尖る
生息地	林内・林縁	岩場
営巣地	林	岩場・人工物
狩り	待ち伏せ	上空から急降下

［図１］タカ目とハヤブサ目の比較（篠原五男撮影）

タカ目とハヤブサ目は外見も行動もよく似ている。日本鳥学会発行の『日本鳥類目録』では、２０１２年までハヤブサの仲間はタカ目に分類されていた。しかし、詳しく見ると嘴や翼の形態、生息地や狩りの方法なども異なる。ＤＮＡの塩基配列の比較からハヤブサはタカ目よりもインコ目やスズメ目に近いことも分かってきた。ハヤブサは、２０１２年の鳥類目録の改訂によりタカ目から分離してハヤブサ目として独立した。図１は両者の違いをまとめたものである。

2 ハヤブサ目の都市進出

正月恒例の鷹狩りの実演

正月恒例の行事の一つに、浜離宮恩賜公園の「鷹狩りの実演」（放鷹術《ほうようじゅつ》）がある。2021年、22年はコロナ禍のため中止されたが、23年には復活。例年大勢の人が集まる人気イベントである。

鷹狩りにはオオタカやハヤブサが用いられるが、狩りの方法は全く異なる。オオタカは、鷹《たか》匠《じょう》が地上から放ち、空中を飛ぶ獲物を捕らえる。ハヤブサは、上空から急降下して獲物を捕らえる。

放鷹術のハイライトはハヤブサの狩りである。まずはハヤブサを浜離宮に隣接するビルの屋上へと運ぶ。地上からの合図で屋上から放たれたハヤブサは、地上で放たれたドバトを瞬時に発見、急降下する。時速185㎞（翼を閉じて落下するときは288㎞）ともいわれる高速で見物人が見上げる地上に迫ってくる［口絵13－②］。ドバトを蹴落として鷲《わし》づかみにする。矢のような急降下と獲物の捕獲シーンは実に迫力がある。

ハヤブサの狩りで特に注目すべきは、急降下のスピードよりも獲物の手前でかける急ブレーキである。ブレーキの制御が効かなければハヤブサは地面に叩きつけられて即死である。急ブレーキ時のハヤブサにかかる重力は25G。鍛えられた宇宙飛行士でもロケット発射時に耐えられるのは6〜7Gが限度である。[1] ハヤブサの狩りは、優れた視力による獲物の発見、高速での急降下と急ブレーキ、重力負担に耐える体の構造などがすべて揃って初めて成立するのである。

ただし、ハヤブサの能力がどれほど優れていても、狩りの実演は失敗することがある。原因はカラスである。ハヤブサに気づいた浜離宮のカラスが大声で鳴き騒ぎ、仲間が集まる。ハヤブサを取り巻いてモビングするため演技は中断されてしまう。

大都会を選んだ欧米のハヤブサ

ハヤブサは世界に広く分布し、大都市に適応した代表的な猛禽である。ロンドン、パリ、ニューヨークなどのハヤブサがときどき日本のマスコミで紹介されることがある。自然のハヤブサは、高度差200〜300mもある岩場から急降下し、眼下の獲物を捕獲する。都市の高層ビル群も落差が大きく、自然の岩場の「代替環境」として最適の生息地といってよいだろう。

都会にはハヤブサの餌となるドバトが生息している。また、ハヤブサを捕食する大型の猛禽類（ワシミミズクやイヌワシなど）がいないこともハヤブサの都市進出を促進したといわれている。

ただし、今でこそ都市で繁栄している欧米のハヤブサだが、絶滅寸前にまで追い詰められた時代もあった。第二次世界大戦中、イギリスでは軍用の伝書バトが襲われないよう駆除された。戦後はDDT等の農薬中毒で激減した。生態的地位の高い猛禽類は、農薬に汚染された獲物を捕食することにより農薬が生物濃縮され、1950年代以降にロンドンでは激減し、いったんは消滅した。しかし、ロンドンやニューヨークでは1980年代に復活。パリでも2011年に高さ130mの煙突で繁殖して話題になった。

ニューヨークでは1974年に「ハヤブサ基金」を立ち上げ、ハヤブサの人工孵化と放鳥、ビル高所での巣台（50cm×50cmの合板トレー）の設置、巣立ち雛の保護などが功を奏し、1980年代以降は増加に転じている。しかも、保護され、都会で育ったハヤブサが本来の生息地である自然の崖には戻らず、都会に留まった。幼鳥たちは「都会」を生息地として刷り込まれ、都市鳥として定着したのである。さらにもう一つ注目したいのは、街灯の明かりのもとで「夜間に狩りをするハヤブサ」が出現したことである。[2]

新宿副都心のハヤブサ

日本の都市も超高層ビルが林立する時代を迎えた。「ハヤブサの生息適地が拡大した」といってよいだろう。

筆者が、新宿の超高層ビル群で初めてハヤブサを観察したのは1999年3月である。工学院大学の石田頼房《いしたよりふさ》先生から連絡をいただき大学の研究室（26階、地上約100m）を訪ねた。

エレベーターホールから外を見下ろすと、目の前に超高層ビルが迫り、そそり立つ岩峰に立ったような身震いを覚えた。学生時代に山岳部に所属しロッククライミングの経験はあったが、これほど高度差のある垂直の壁は見たことがない。ハヤブサは大学の建物の正面にある新宿センタービル（54階、地上223m）の27階の赤色灯に止まっていた［口絵13－①］。

赤色灯は外壁にあるためビルの中からは見えない。もちろん高すぎて歩道からは見えないし、登れない。ハヤブサは、大都会のど真ん中で暮らしながら、人に全く気づかれていないのだ。

石田先生は、1995年11月に偶然に高層ビルでハヤブサを発見。以来退職された1999年3月までに100回近くハヤブサを観察し、記録をとり、『高層ビル街にくらすハヤブサ』（1999、私家版）を出版した。

先生の観察によれば、ハヤブサは毎年11月に飛来し3月まで越冬する。捕らえたドバトをビルの換気窓や避難バルコニーなどに運び20分ほど食べ続ける。夜間にも活動し、止まる高さは25階から39階（70～120m）に集中している。98～99年のシーズンには2羽を観察し繁殖を期待したなど、ハヤブサの生態を詳細に記録している。日本における都会のハヤブサ研究の先駆けといってよいだろう。

六本木ヒルズのハヤブサ

ハヤブサは都内各地で頻繁に観察されている。ビルや塔の高所に止まっていることが多い。

［4］六本木ヒルズの窓枠の外に止まるハヤブサ（若鳥）（景山強撮影）

景山強《かげやまつよし》氏は２０１６年10月14日、六本木ヒルズ（54階、２３８ｍ）の窓枠の外に止まるハヤブサ（若鳥）を見つけた［写真4］。ここは都内有数の超高層ビルであり、ひときわ高く聳え立っている。地上からは高すぎて気づかない。たまたま景山氏の勤務先が六本木ヒルズであり、日頃から都市鳥に関心があったことが発見につながった。送っていただいた写真には、「いつかこんなことがあればと思っていたことが現実になりました」とのメモが添えられていた。思わずパスツールの有名なスピーチ、「幸運は用意された心のみに宿る」（１８５４年12月7日）を思い出した。

北陸や関西の都市で繁殖

ハヤブサは、本来は山地の岩場や海岸の崖などで繁殖している。ところが、２０００年以降、主に関西や北陸の都市に進出し、中心街の高層ビルで繁殖するようになった。

日本海側では、２００２年に新潟県庁（18階のパラボラアンテナ室）、２００２年に金沢駅周辺の高層ビルで繁殖。２００５年には石川県庁（19階のベランダ）で産卵（ただし、繁殖成功は

２０１４年以降）［写真5］。関西では、２００４年に大阪府泉大津市《いずみおおつ》のホテルサンルート関空の屋上（20階、77m）、２００８年には和歌山市の14階ビルで繁殖している。

興味深い観察もある。新潟県庁で繁殖した雌のハヤブサの足には、２０１１年に金沢駅周辺のビルで繁殖した雛につけられた足環がついていた。金沢で育ったハヤブサが２５０km も離れた新潟のビルで繁殖したのである。都市鳥として生まれ育ったハヤブサが、自然の岩場には戻らず都市鳥として生きる道を選択したのである。

［5］石川県庁19階のベランダで繁殖したハヤブサ（松村俊幸撮影）

カラスやヒヨドリを襲うハヤブサ

ハヤブサの目から見れば、都会では食物には事欠かない。いたるところにカラスやドバトがいる。ヒヨドリ、キジバト、ムクドリなどの都市鳥もハヤブサにとっては格好の獲物である。

ハヤブサは、カラスが群れているときには取り囲まれ、モビングされて追い払われてしまう。ところが1対1の場合は圧倒的にハヤブサが優位である。江戸川河川敷で筆者が観察した事例では、上空からハシボソガラスを急襲し、一瞬にして捕獲した。頭部を切断、高圧線の鉄塔の高所に

［6］捕獲したハシボソガラスを運ぶハヤブサ（江戸川河川敷。2016年１月25日）

運んで食べてしまった［写真6］。

また、春秋の渡りの季節には、渡りのコースとして知られる伊良湖岬《いらごみさき》（愛知県）や龍飛崎（青森県）などの岩場に止まり、ヒヨドリの群れが海に飛び出るところを襲う。ヒヨドリも必死である。ハヤブサをかわそうと海面をすれすれに飛ぶ。上空から急降下して襲いかかるハヤブサにとって、水面近くのヒヨドリは襲いづらい。ヒヨドリもろともに海に落下するリスクがあるからだ。

レース鳩を襲うハヤブサ

「ホテルサンルート関空」（泉大津市）で繁殖しているハヤブサは、リモートカメラの映像や食痕、口から吐き出したペレットなどにより食性が明らかになった。ドバト、チュウシャクシギ、コアジサシ、アオバズク、スズメ、ムクドリなど9種類の鳥類が捕食された[3]。ハト類が最も多く、それも14羽中13羽はレース鳩《ばと》であった。足環のついたハトも見つかった。

群馬県高崎《たかさき》市の市庁舎ビル（21階、102・5m）では1999～2005年の7年間にわたりハヤブサが越冬した。落下したペレットや羽毛などの調査により15種類の餌動物が判明した[4]。ここでもハト類が最も多く、大部分はレース鳩であった。その他に水鳥としてカイツブリ、コガモ、バン、イカルチドリ、タシギなど、渡り鳥としてコムクドリ、トラツグミ、クロツグミ、ツグミなども捕食されていた。ちなみに筆者が調査地にしている江戸川河川敷でも、ハヤブサがレース鳩を一撃のもとに捕獲するシーンを観察している［口絵13－③］。

［7］ハヤブサが食べ残したオオコノハズクの頭部、翼、脚など（山部直喜撮影）

鳩舎《きゅうしゃ》で飼育されているレース鳩は、朝夕に運動のために放たれる。上空を40～50分群飛して鳩舎に戻るのが日課である。毎日、ほぼ定時に飛翔するレース鳩は、ハヤブサにとっては格好のターゲットなのである。

夜間に狩りをするハヤブサ

ハヤブサの食性で注目したいのは、夜行性の動物を捕食することだ。アオバズク（泉大津市）、オオコノハズク（高崎市、八潮《やしお》市）、コウモリ（福井市）などが捕食されている。

埼玉県南東部の春日部から越谷、三郷《みさと》、吉川《よしかわ》などには大規模な団地やマンションが立ち並び、近年ハヤブサが住み着くようになった。

	ハヤブサ		チョウゲンボウ	
	雄	雌	雄	雌
全長（cm）	41	49	30	40
	1.4倍	**1.2倍**		
翼開長（cm）	84	120	68.5	76
	1.2倍	**1.6倍**		
尾羽（cm）	14.4（13.6－15.2）	15.9（13.6－18.1）	15.7	18.3
			1.1倍	**1.2倍**
体重（g）	500（330－1000）	1300（700－1500）	150	190
	3.3倍	**6.8倍**		

［表１］ハヤブサとチョウゲンボウの体の比較

山部直喜氏は、マンションの庇でハヤブサの食い残しを調べたところ、ドバト、バン、タゲリ、コガモなどの他に、オオコノハズクの頭や翼、脚などの残骸を見つけた［写真７］。改めて夜の団地を見渡すと、窓ガラスから明かりが漏れ街灯があたりを終夜照らし出している。ハヤブサはこうした薄暮型の都市に適応し夜間にも活発に狩りをしているのである。

ハヤブサとチョウゲンボウの比較

ハヤブサ目の中で都市に進出したのはハヤブサとチョウゲンボウである。この２種は岩場や崖のテラスで繁殖すること、上空から獲物に襲いかかるなどハヤブサ目としての共通の習性がある。両種の生態はよく似ているが、体の大きさ、生息場所や餌動物のサイズなどに違いが見られる。

両種の体の違いを示したのが表１である。個体差が大きいため、示した数値はあくまでも目安である。またハヤブサやタカは雄より雌のほうが大きいので、雌雄別に比較した。

特に注目したいのは体重と尾羽である。ハヤブサの全長と翼開長はそれぞれチョウゲンボウの1・2〜1・4倍、1・2〜1・6倍だが、体重の差はさらに大きく3・3（雄）〜6・8倍（雌）である。ハヤブサは上空から獲物を狙って急降下するため、加速するには重い体重が必要なのだ。

一方、チョウゲンボウは軽量であり、長い尾羽を扇状に広げることができる。そのため揚力を増し空中でのホバリングが可能であり、止まり場のない広い草原や河川敷で狩りができる［口絵13－④］。ちなみに体重が重く尾羽の短いハヤブサは、ホバリングができない。

チョウゲンボウの集団繁殖

日本では、チョウゲンボウはハヤブサよりも一足早く都市進出を果たした。1960年代に松本《まつもと》市、1970年代に米沢《よねざわ》市、1980年代には甲府市、新潟市、長岡《ながおか》市、埼玉県南部、東京都大田区などで繁殖するようになった。そして現在、日本各地のビルや工場のテラスや隙間、排気口、鉄橋や跨線橋《こせんきょう》の鉄骨の隙間でごく普通に繁殖するようになった。

筆者が注目しているチョウゲンボウの営巣地が2ヵ所ある。その一つは埼玉県南東部のJR武蔵野線X駅の跨線橋である［写真8］。車が橋を渡り、橋の下を電車が走っている。橋の上部の鉄骨には逆三角形や楕円形《だえんけい》の大きな穴が開いており、親鳥が出入りする［写真9］。巣立ち近くになると雛が顔を出す。巣は地上7〜8mにありハヤブサに比べると低い位置なので肉眼でも観察しやすい。

［8］
チョウゲンボウが繁殖している武蔵野線の跨線橋

［9］
跨線橋の鉄骨の隙間に出入りするチョウゲンボウ

跨線橋で1992年より観察している山部直喜氏によれば、X駅から2㎞離れた跨線橋では1984～97年に6ヵ所の穴を利用し、2～4つがいが同時に繁殖していた。[5]

チョウゲンボウの雛はどんな餌を食べているのだろうか。食べ残した落下物やペレットなどから、スズメ、カワラヒワ、ノネズミなどが確認できた。また、X駅近くのビル屋上に雄親が獲物をつかんで戻ってきたときのことである。5～6羽のツバメがチョウゲンボウめがけて「ジュリ、ジュリ」と激しく鳴きながらモビングしている。そんなツバメを無視して獲物の羽根をむしりはじめた。撮影した画像を拡大してみると捕らえた獲物はツバメの幼鳥であった。

人慣れした稲城市のチョウゲンボウ

注目しているもう1ヵ所は、東京都稲城《いなぎ》市のY大橋である。ここでは2021年に3つがいが同時に繁殖した。集団繁殖である。

2020年6月8日、鈴木《すずき》馨《かおる》さんに案内してもらい現地を訪ねた。新宿から京王線で約30分、多摩川を越えた駅で下車。一帯はバブル期に丘陵地を大々的に開発し、開発途中でバブルが崩壊したという。駅周辺の商業地区を通り抜けると広場や集合住宅、戸建て住宅が続き、雑木林の混じる田園都市である。チョウゲンボウは起伏する地形を貫く道路に架かる大きな橋(長さ288m、高さ18~20m)で繁殖していた。

巣は橋の橋脚の高所の穴の奥にあり、橋の上からは見えず、下からは高すぎて近づけない。川があり、散策路や水車、田畑も散在しておりチョウゲンボウの狩り場になっている。

この大橋のチョウゲンボウで興味深いのは、「人慣れ」である。人との距離が極端に近い。橋にある街灯に1羽のチョウゲンボウが止まり羽繕いをしている。そっと接近してみた。20m、10mと接近しても飛び立たない。街灯の真下から見上げても平然としている。距離にして3mである。この地で巣立った幼鳥は生まれながらにして人や車に慣れ、光や音にも驚かない。

3　都会の緑地に進出したタカ

ハヤブサやチョウゲンボウがビルや鉄橋などの人工物で繁殖するのに対し、オオタカやノスり、ハイタカ、ツミなどのタカ類は緑地の樹木で繁殖する。東京都心ではここ5～10年、ハシブトガラスが減少するのと反比例するかのようにタカ類の繁殖が目立ってきた。

里山のシンボル「オオタカ」

オオタカは見るからに眼光鋭く、鉤《かぎ》状に曲がった嘴や鋭い足指の爪はいかにもプロのハンターである。昔から「鷹狩り」に用いられる鳥でおなじみである。低山や山地で繁殖し、里山の生態系の頂点に君臨し、里山を象徴する鳥である。「オオタカが繁殖している森」、それだけで森を開発の手から守る霊力があり、鳥類界のカリスマ的存在である［写真10］。

［10］豊かな自然を象徴するオオタカの繁殖（東京23区内の公園）（古屋真撮影）

オオタカは種の保存法（1993年施行）に基づき国内希少野生動植物種として「絶滅危惧種Ⅱ類」に指定されていた。絶滅危惧種にはⅠ類とⅡ類（VU）がある。Ⅰ類が「絶滅の危惧に瀕《ひん》している種」であり、Ⅱ類（VU）は「絶滅の危惧が増大している種」である。個体数の少なかったオオタカだが、1990年代に増加傾向が見られ、2017年にはⅡ類の指定が解除され「準絶滅危惧種」に変更された。

レッドリストのランクが下がっても、里山の生態系におけるオオタカの役割が失われたわけではない。

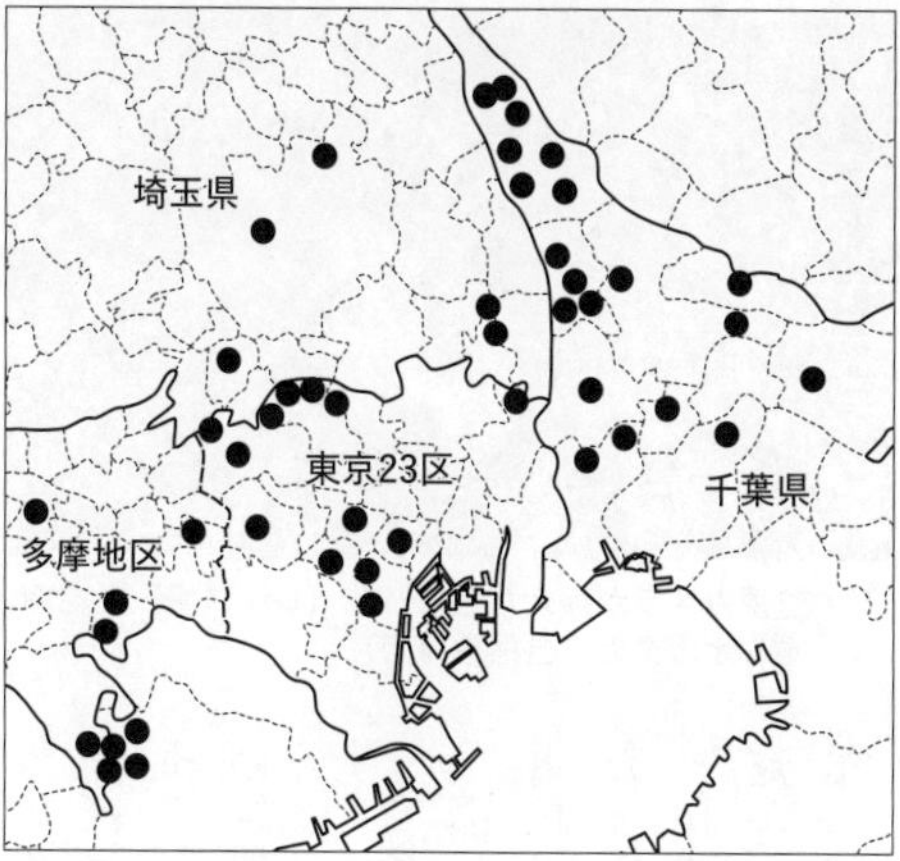

［図２］東京23区とその周辺のオオタカの営巣場所の分布（唐沢，2022）

東京都心に進出したオオタカ

東京23区とその周辺都市でオオタカの営巣地を調べたところ、２０２２年2月現在、27区市の計47ヵ所で繁殖しており［図2］、さらに増加傾向にある。

東京23区内では、杉並区、練馬区、板橋区、葛飾区などの13ヵ所。都心部では山手線内で5ヵ所、いずれも広大な緑地で繁殖している。郊外では、神奈川県の川崎《かわさき》市から東京都町田《まちだ》市、埼玉県や千葉県などの里山的環境の大緑地で繁殖している。

営巣した樹種（延べ51本）の約9割は、スギ、アカマツ、ヒマラヤスギ、スダジイ、シラカシ

［11］監視カメラが捉えた雛にハト（レース鳩）を給餌するオオタカ（自然教育園）

などの常緑樹であった。また営巣木はどれも高木であり、樹高は平均22m（15～39m）、巣の地上高は平均16m（5～31m）であった。オオタカが都市進出した要因の一つは、都心の緑地で高木が育ったことであろう。

自然教育園のオオタカ

都心へのオオタカ進出の要因は、樹木の高木化の他に、猛禽類のライバルであるカラスの減少、餌となる都市鳥の増加などが挙げられる。

自然教育園（港区）は、都心のカラスの集団ねぐらの一つだが、2000年の5163羽をピークに減少し、2021年にはわずか25羽にまで激減した（→164頁の図3）。カラスの減少に伴いオオタカとカラスのパワーバランスが崩れ、2017年に園内でオオタカの繁殖が始まり、以後、2022年現在まで6年連続して繁殖している。営巣木はアカマツやスダジイの高木である。

自然教育園では、オオタカの巣に監視カメラを設置しており、来園者は大型テレビ画面で動画をリアルタイムで観察できるよう工夫している［**口絵14－①**］。2022年にはカメラを巣の真上に設置したため、親子の行動や給餌する獲物の種類などが克明に記録されている。

画面から読み取れるオオタカの獲物は、２０２１年まではキジバト、ムクドリ、ヒヨドリ、ドバトなど中型の都市鳥が見られたが、２０２２年にはドバトが特に多いようである。ハトの足に足環がついていることもあり、レース鳩も食事のメニューに入っている［写真11］。

［12］オオタカの食べ残しのカラスの死骸を共食いするハシブトガラス（自然教育園。2006年４月４日）

［13］ハシブトガラスを捕食するオオタカ（都立砧公園。2007年３月28日）（青木英子撮影）

一方、カラスの羽数が特に多かった１９９５～２００５年ころ、自然教育園、明治神宮、皇居などの緑地ではカラスの翼や足の一部がよく落ちていた。自然教育園では、オオタカが捕食したカラスの死骸の一部をハシブトガラスが共食いするシーンを観察している［写真12］。青木《あおき》英子《ひでこ》さん

	オオタカ		ツミ	
	雄	雌	雄	雌
全長（cm）	50	57	27	30
営巣環境	大きな緑地、緑島		小さな緑地、街路樹	
営巣木	常緑樹 ヒマラヤスギ、スギ、マツなど		落葉樹 ソメイヨシノ、ケヤキなど	
樹高（m）	21.3±5.9（N=48）		14.1±4.3（N=60）	
巣の地上高（m）	15.7±5.2（N=59）		10.6±4.5（N=84）	
主な餌動物	カラス、ドバト、アオバト、コサギ、チュウサギ、オオバン、コガモ、カルガモ		スズメ、シジュウカラ、メジロ、ムクドリ、アブラコウモリ、アブラゼミ、オオミズアオ	

［表2］オオタカとツミの体長、営巣環境、獲物等の比較（唐沢，2022）

は犬の散歩で出かけた都立砧《きぬた》公園（世田谷区）でオオタカがハシブトガラスを引き千切って食べているシーンを何回も目撃している［写真13］。

日本最小の猛禽「ツミ」

ツミはハトより小さく日本最小のタカである。体長はオオタカのほぼ半分。「雀鷹」の名もある。小型であることからオオタカと営巣環境や餌動物を分け合い共存している。表2はオオタカとツミを比較した一覧表である。

ツミの主な獲物は、小鳥類、カナヘビなどの爬虫《はちゅうるい》類、アブラゼミやミンミンゼミ、オオミズアオなどの昆虫類である。ツミは、オオタカより足が細長く、小動物を素早く爪で引っかけて捕獲するのに適している。また、ツミの最大の特徴は「体に対して翼の割合が短い」ことである。⑥ 翼がコンパクトなので小刻みに羽ばたくことができ、より小回りが利く。障害物の多い林内を巧みにすり抜けて小鳥や昆虫を引っかけて捕らえる。小鳥たちにとってツミは、オオタカよりもはるかに恐ろしい猛禽である。

東京23区とその周辺のツミ

1980年代、ツミの繁殖が全国各地で見られるようになり話題になった。しかし、東京での繁殖は町田市や青梅市・五日市《いつかいち》など郊外であり、東京23区での繁殖記録は1990年代に入ってからである(7)。市街地で繁殖するようになった要因としては、営巣に適した樹木があること、餌動物として小鳥類などが豊富であること、ツミが人慣れしてきたことなどが指摘されている。

では2022年現在、ツミは東京23区やその周辺でどれくらい繁殖しているのだろうか。オオタカと同様に情報を集めたところ、35の区市町、71ヵ所で繁殖が確認された［図3］。

町田市、埼玉県南東部、板橋区などで特に高密度に繁殖しており、団地や学校などの緑地ではごく普通に繁殖していることが分かった。ま

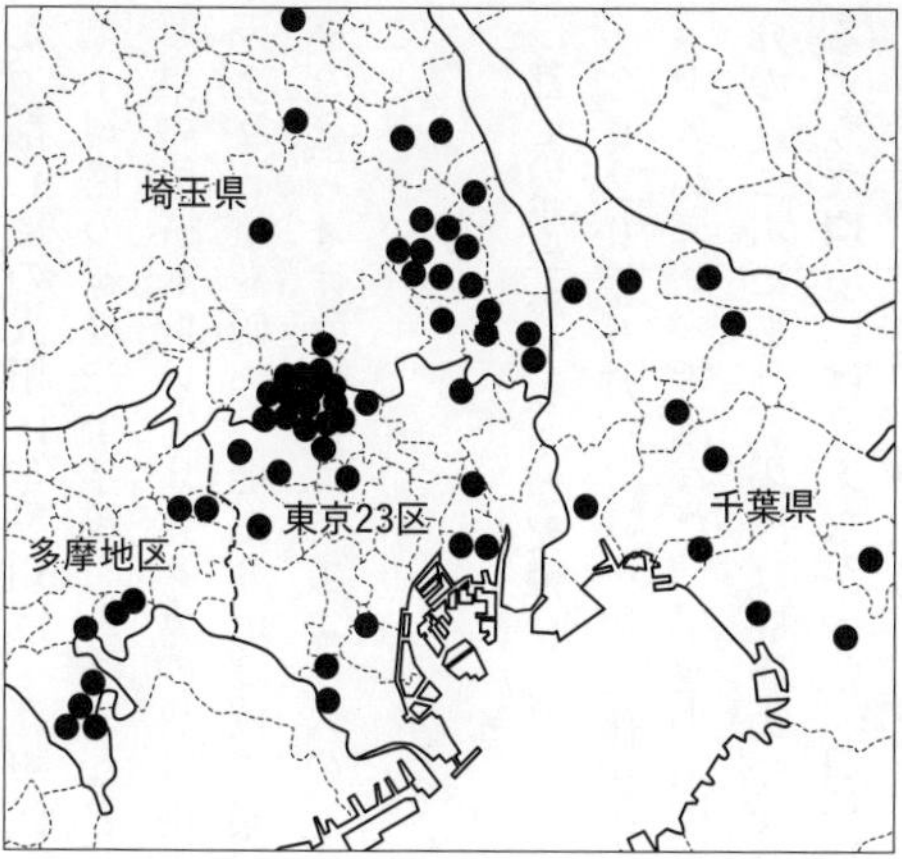

［図3］東京23区とその周辺のツミの営巣場所の分布（唐沢，2022）

た、都心部の大田区や品川区《しながわ》、江東区、墨田区などではビルやマンション、住宅などに囲まれた小規模の緑地や小学校、街路樹など、多くの人が行き交う身近な場所での繁殖が目についた。巣の位置も低い。オオタカの巣は地上平均16mであるのに対し、ツミでは平均11m。オオタカより5mも低い。地上3mの枝で繁殖した事例もある。住宅地や学校、街中の小公園、街路樹など、オオタカに比べてより人の近くで繁殖しているのだが、多くの住民は気づいていないことが多い。

都心の小学校でツミが繁殖

2020年6月、コロナ禍で休校中の品川区立旗台《はたのだい》小学校でツミが繁殖しているというニュースがテレビで流れた。早速小学校を訪ねた。学校は山手線五反田《ごたんだ》駅から東急池上線で約6分のところにあり、周囲は商店街やマンション、民家などが立ち並び、とても猛禽類が繁殖するような環境には見えなかった［口絵15－②］。

巣を発見し観察を続けている木所正明《きどころまさあき》氏に校舎3階まで案内してもらった。廊下の窓から7～8m先に巣があり抱卵中の親鳥がよく見える［写真14］。屋上からは子育ての様子が手にとるように観察できる。学校の許可を得て8月上旬まで繁殖生態を詳しく観察することにした。

調査の結果、興味深いツミの生態が明らかになった。(8) その一つは、雛たちの行儀よい食事マナーである。産卵数は4個で3羽の雛が育った。雛が小さいときは、雄親が捕らえてきた小鳥を雌親が受け取り、細かく引き千切って口移しで雛に与えた（口移し給餌）。その際、親鳥は最も空腹とおぼしき雛（餌を強く求める雛）に給餌する。雛が満腹になるまで連続して給餌した。その間、他の雛たちはおとなしく順番を待つのである［写真15］。

［14］品川区立旗台小学校の３階廊下から見えるツミの巣（円内）

［15］雌親が雛Ｂに給餌する。雛Ａ、雛Ｃは争うことなくじっと動かずに順番を待った

雛の餌はスズメ、シジュウカラ、カワラヒワ、ムクドリ、メジロなどである。地面に落ちた食べ落としからアブラコウモリの前肢が見つかった。また、巣立った幼鳥が最初に捕食したのはアブラゼミ、ミンミンゼミ、コガネムシなどの昆虫類であった。ツミの幼鳥が一人前になるまで、捕まえやすい都市昆虫を利用していることも判明した。

一方、キジバトやドバトは大きすぎてツミは捕食しないといわれていた。

ところが、細川章司氏は埼玉県越谷市の公園で、ツミがキジバトやドバトなどを仕留め、千切って食べるシーンを観察している。巣に運ぶには重すぎるため、地上で引き千切ってから雛に運んだ。

ツミとオナガの共同防衛

旗台小学校のツミの親鳥は、巣の下を児童や教職員が歩いても威嚇することはない。警戒する素振りも見せない。ところが、ツミより大きめの鳥に対しては敏感に反応する。

キジバトが巣に接近してきたとき、テレビアンテナに止まって警戒していた雄親が間髪入れずに飛び立って撃退した。体は小さいが気性が荒く攻撃的である。特に警戒しているのはカラスである。巣から100m以上離れていても、カラスを発見するや飛び立って威嚇する。巣の近く、20~30mの範囲にカラスが飛来すると、猛スピードでカラスに突撃し、モビングする。その凄《すさ》まじい気迫にカラスもたじろいで退散してしまう。

こうしたツミの激しい攻撃力、巣の防衛力を巧みに利用しているのがオナガである。ツミの巣の周辺ではオナガが必ずといっていいくらい高頻度で繁殖している。旗台小学校でもツミの巣から7~8m離れたイチョウで繁殖。越谷市の某小公園ではツミの巣を取り巻くようにオナガが5巣も営巣した。

オナガはツミの巣の近くで繁殖することにより、天敵であるカラスをツミに追い払ってもらうことができる。コチドリがコアジサシのコロニー内で繁殖して卵や雛を守ってもらうのと同じ構図である。では、そのとき、ツミにとってもメリットはあるのだろうか。

カラスが接近したときのオナガの行動を見てみよう。オナガは「ギィー、ギィー」と響く声で鳴き立て、果敢にカラスに立ち向かう。気の強さはツミにも負けないものがある。しかも、オナガは群れ生活をしていることが多く、カラスに対して群れで反撃する。カラスがいない平時でも、巣の周辺で「ギィー、ギィー」とよく鳴いて、オナガの存在を誇示している。これではカラスも敬遠して接近しない。ツミにとっても、オナガにとっても、共通の天敵であるカラスに対して共同防衛により安全を確保している。ツミの周辺で繁殖するオナガの数が多いほど防衛力は強化される。

ツミと小鳥とカラスの関係

旗台小学校に近い都立洗足池公園（大田区）でもツミが繁殖している。ツミが繁殖するようになってから、スズメやシジュウカラ、メジロなどの小鳥類に異変が起こった。ツミの繁殖中は、小鳥の数がすっかり減ってしまい姿を見せなくなったという。

都会で猛禽類が繁殖したり、あるいは越冬したりすると、当然のことながら多くの水鳥や、ドバト、ムクドリ、ヒヨドリ、小鳥類が捕食される。２０２１～22年の冬、例年はカモ類で賑わう都立水元公園や葛西臨海公園で水鳥が全く姿を見せない日があった。岸辺の木の枝にオオタカやノスリが止まり水鳥を狙っていたのだった。

越谷市の花田苑《はなたえん》では、ツミが繁殖した年は池でカルガモやカイツブリが繁殖した。ところが、ツミが繁殖しなかった2021年には繁殖しなかった。水鳥たちの雛がカラスに捕食され、親鳥も姿を消してしまったという（山部直喜氏私信）。ツミの存在がカラスを退け、カルガモやカイツブリ、オナガなどの子育てを守っていたのである。

明治神宮では1985年以降にオオタカが越冬し、2007年には繁殖が確認された。と同時にムクドリやキジバトが減少したという(9)。また、明治神宮の北池ではオシドリが多数越冬していたが、オオタカが定着するようになってから姿を消してしまった。

4　苦戦する夜の猛禽「フクロウ」

フクロウとカラスのバトル

ひとたび頂点に立つと、その座を脅かすものと闘わねばならない。それは政治の世界だけでなく、都市生態系の頂点に立つカラスにとっての宿命でもある。昼はハヤブサやオオタカなどを、夜はフクロウなどの夜行性の猛禽を警戒せねばならない。

フクロウという場合、フクロウ科の鳥を総称してのフクロウと、フクロウ科の中の一種のフクロウとがある。前者はフクロウ類という意味合いである。日本に広く生息するフクロウ類には、留鳥のフクロウ、オオコノハズク、コノハズク、冬鳥のコミミズク、漂鳥のトラフズクの6種類が知られている。このうち、比較的人家に近い神社林や公園などの樹洞で繁殖するのはフクロウとアオバズク、オオコノハズクの3種類である。

フクロウとカラスの関係、あるいはフクロウ類の都市生態系における役割については、まだ不明なことが多い。カラスは昼行性、フクロウは夜行性であり、同じ都会を舞台に活動時間を棲《す》み分けているが、いつ鉢合わせするか分からない。カラスにとって、とりわけ夜間は、フクロウの存在そのものが脅威である。

2014年5月、筆者は栃木県野木町《のぎまち》の野木《のぎ》神社でフクロウの繁殖を観察した。ケヤキの樹洞から2羽の雛が巣立ち、社殿の裏の神社林にはハシブトガラスの死体が横たわっていた。地元の人によれば、フクロウに襲われて捕食されたという。日中に休んでいるフクロウの周りでカラスや小鳥たちが集まりモビングするのは、夜間に襲われることへの対抗策なのであろう。

カラス猟の一つに「クロウシューティング」がある。フクロウに対するカラスのモビングを利用した猟である。北海道などの広い原野でフクロウの剝製《はくせい》を置く。ハンターは銃を持って近くに座る。フクロウを見つけたカラスは大騒ぎして仲間を集めて剝製のカラスを攻撃する。ハンターがカラスを撃ち落とすと、犠牲になった仲間を見てさらにカラスは興奮してフクロウへの攻撃を強める。ハンターの存在など目に入らないのである。

都会の森でフクロウを観察

フクロウが繁殖するためには、営巣に適した樹洞、雛の餌（ネズミ類、小鳥類、セミや蛾《が》など）が必要である。また、天敵となるオオタカやハヤブサ、カラスなども避けたいところである。ところが都心には樹洞のある樹木が少ない。しかも、ライバルのカラスが森で繁殖しており、オオタカやハヤブサなどの猛禽類が都市に進出している。

これまで筆者は、東京都心にはフクロウは生息していないと思っていた。実際のところ観察したこともない。東京でフクロウの繁殖が記録されているのは東京郊外の多摩川流域の稲城市、あるいは八王子より西の区域である[10]。

２０２２年２月、井上裕由氏より驚くべき情報を入手した。都心の緑地で、それも山手線内の緑地でフクロウが生息しているというのである[11]。２０１０年ころより、近隣住民による鳴き声情報があり、２０１６年には生息が確認され、２０１７年には写真撮影に成功した「写真16」「**口絵16－①**」。ペレット分析によりアズマモグラ、クマネズミなどの哺乳類、ヒヨドリやシジュウカラなどの鳥類を捕食していることも明らかになった。

２０１８年には雌雄による求愛給餌が観察されカップルが形成された。繁殖が期待されたのだが、２０１９年３月に雌が死亡。２０２０年には再びカップルが形成されたが、２０２１年11月に今度は雄が何者かに捕食され、羽が散乱していた。カップルがすぐに再形成されたことから、都心の複数の緑地にフクロウが進出していると推測される。また、２度にわたるフクロウの死は、繁殖を阻むタカやハヤブサ、カラス、ハクビシンなどの天敵の壁がいかに高く厚いかが想像される。フクロウの都市進出の前途は多難である。

都心に生息するフクロウについてもう一つ、井上裕由氏による興味深い観察がある。フクロウが鳴きはじめる（活動を開始する）時刻である。ICレコーダーの記録を分析すると、鳴きはじめるのは、夏ではほぼ日没時刻、冬は日没30分〜1時間後であった。これは、カラスの活動が終了してからフクロウの活動が開始することを意味している。都心の緑地を舞台にフクロウとカラスが時間的に棲み分けていることを意味している。

［16］2017年4月29日、東京都心の緑地で撮影されたフクロウ（井上裕由撮影）

都会で越冬するオオコノハズク

都心の緑地に進出しそうなフクロウ類には、オオコノハズクとアオバズクがいる。オオコノハズクはムクドリくらいのサイズで、留鳥として低山や山地の林で繁殖する。冬季には東京都心の緑地で越冬することがある。

1981年1月、新宿御苑のスダジイの樹洞で、2

［17］スダジイの樹洞で休むオオコノハズク（明治神宮。2009年３月２日）

００９年3月には明治神宮の参道近くのスダジイの樹洞で越冬した［写真17］。そのつどたくさんのカメラマンが集まった。

２０２０年12月13日、都立水元公園では日中にハシブトガラスに取り囲まれ草むらでうずくまっているところを保護されたこともある［口絵16－④］。また、都会で繁殖したハヤブサの食べ残しやペレットからもオオコノハズクが見つかっている。

後退するアオバズク

アオバズクはキジバトより少し小さなフクロウの仲間である。夏鳥として「青葉」のころに渡来するのでその名がつけられた。こんもりとした鎮守の森などの大木の樹洞で繁殖する。姿は見えなくとも「ホッホー、ホッホー」という鳴き声により地域の人に親しまれている。周辺に広がる農耕地や河川敷などでネズミやコウモリ、小鳥、カブトムシ、アブラゼミ、蛾などを

［18］アオバズクの巣の下に落ちていたオオミズアオ、アブラゼミ、タマムシなどの破片（山部直喜撮影）

捕食する［写真18］。

アオバズクは、かつては東京都心や千葉県、埼玉県でも鎮守の森や旧家の屋敷林などで普通に繁殖していた。しかし、繁殖地周辺の宅地化や都市化によって餌場がなくなり、樹洞のある大木が暴風雨等で倒れ営巣場所を失った。さらに、カラスやカメラマン等による繁殖妨害も重なり、各地で姿を消している。

東京都心から消えたアオバズクだが、２０２１年初夏に石神井公園（練馬区）で久々に雌雄2羽を観察した［口絵16－②］。また、多摩川を越えた稲城市や奥多摩では今でも普通に繁殖しており、夜間には「ホッホー、ホッホー」という鳴き声を耳にするという。

5　これからの都市鳥

変化の著しい都市環境

本書では、東京を中心としたツバメやスズメ、カラス、都会の水鳥、猛禽類などの生態や相互の関係について述べてきた。

人との関係を通して都市鳥の生態を読み解いてきたともいえよう。しかし、今後、都市化が地球規模でさらに加速化し、超近代化した都市環境が出現した場合、都市鳥はもとより都会人もまた新しい環境にどこまで適応できるであろうか。

本書では都市環境に適応した鳥類を中心にその生態を紹介した。しかし、都市環境に適応できなかった鳥類も数多くいたことにも触れておく必要があるだろう。

都市環境と野鳥

宅地化に伴い、人々と共に暮らしていたモズやホオジロなどの人里の鳥類が姿を消した。海岸や湖沼の埋め立てによりセッカやオオヨシキリなど草原の歌い手が姿を消し、シギやチドリなどの渡り鳥の中継地、ガンやカモなどの越冬地が失われた。

一方、都市鳥もまた、ロードキル（交通事故）や有毒食品など、人々と同じ危険に晒されている。また、電線や架線への接触、ビルのガラスや壁面への衝突、ジェット機墜落の原因でもあるバードストライク、釣り人の捨てた釣り針による被害など、鳥類ならではの被害も深刻である。

人との関係も、常に良好とは限らない。街路樹で集団ねぐらをとるムクドリの騒音や糞害、カワウのコロニーによる森林枯死や漁業被害、カラスやヒヨドリ、スズメによる作物の食害など、共存の難しさに悩まされることも少なくない。また、野鳥が媒介する鳥インフルエンザウイルスが養鶏や動物園の鳥類に与える被害もまた深刻である。これらの一つ一つを粘り強く解決していかない限り、鳥と人の未来は見えてこない。

都市化は地球規模で進行しており、野生動物の多くは、好むと好まざるとにかかわらず、都市環境と向き合わねばならず人との接触は避けがたいものがある。

その一方で、人と都市鳥は、ときに対立しつつも共存し、互いに隣人として暮らしてきた長い歴史がある。また、時代を映す鏡として人の身勝手な生き方に警鐘を鳴らす役割も担ってきた。今後も人と都市が存続する限り都市鳥も存在するであろうし、ときには想定外の鳥が都市に進出し、人と野鳥の織りなす新しい時代を切り拓いてくれることもあるかもしれない。

おわりに

筆者が学生時代を過ごした1960年代、東京の練馬区や世田谷区などにはまだ畑が広がり、江戸川区や葛飾区では水田でシラサギが群がっていた。動物生態学の野外実習で訪ねた東京湾では、おびただしい数の水鳥が干潟を埋めつくしていた。昨日の出来事のように思い出すのだが、すでに半世紀以上が過ぎてしまった。この間、「都市鳥」を観察しつつ、変貌《へんぼう》する都市近郷の自然や一極集中する東京都心部の環境の激変ぶりを見聞きしてきた。筆者にとって都市鳥は「時代の鏡」であり、気がつけば都市鳥研究と共に過ごしてきたといっても過言ではない。

カラスやツバメ、スズメなどの身近な鳥の生活は、人に依存しつつも人との距離を保ち、ときには人を利用しながら生き延びようとしている。都市鳥の生き方は現実的であり、柔軟でしたたたか。しかも我々が気づかないような新しい環境の利用法や適応力も備えている。

筆者はこれまで東京を中心に都市鳥を観察してきた。しかし、世界中の都市が同じはずはない。国により、都市によって文化や歴史が異なり、都市鳥の生態もまた多様である。しかし、多様であると同時に、都市鳥としての共通性もあるにちがいない。東京での観察を通して得られた都市鳥の生態が、世界の都市でどれほど通用するものかはこれからの課題としたい。

都市鳥研究は、各人が個人としてテーマを持って取り組んできた。と同時に、都市鳥研究会としてカラスやツバメについて長期にわたって調査・研究を重ねてきた。これらの研究成果は会誌『Urban Birds』に掲載されている。本書執筆にあたり、これらの研究成果を参考にさせてもらった。また、研究会発足時からの幹事である川内博《かわちひろし》、越川重治、金子凱彦、故滝之入《たきのいり》新一《しんいち》、故山根《やまね》茂生《しげお》の諸氏には長年にわたり大変お世話になった。山部直喜、朝比奈邦路の両氏をはじめとする多くの知人や鳥仲間に都市鳥情報をご教示いただき、フィールドを案内していただいた。また、17名の方より貴重な写真をお借りした。撮影者の氏名は本文中に記させていただいた。これら多くの方に改めてお礼と感謝を申し上げたい。

本書の出版は企画から発行までに何年も要してしまった。膨大な情報量をまとめきれなかったこと、執筆中に新型コロナウイルス蔓延のためフィールドでの確認が難しくなったこともあるが、筆者の非才と遅筆によるところが大きい。ただし、出版が遅れたことにより、コロナ禍の都市鳥の生態や猛禽類の都市進出といった最新情報を加筆できたことは本書にとってはラッキーであった。また、筆者にとっては、傘寿《さんじゅ》という人生の区切りの年の出版となった。

出版にあたり、編集部の酒井孝博氏には執筆が遅れてご迷惑をおかけしたが辛抱強く待っていただき、適切な助言をいただいた。改めてお礼申し上げたい。

2023年5月16日

唐沢孝一

サ」『ハヤブサ――その歴史・文化・生態』白水社：185-215
(3) 納家仁・栄本和幸 2007「子育て見守りカメラの映像から見えてきたハヤブサの生態」『BIRDER』2007年1月号：22-27
(4) 谷畑藤男 2005「高崎市庁舎ビルを利用するハヤブサの行動と餌動物」『Field Biologist』14(2)：25-34
(5) 山部直喜 1997「旧武蔵野線操車場跡地のチョウゲンボウ」『しらこばと』10月号：6
(6) 川上和夫著、中村利和写真 2019『鳥の骨格標本図鑑』文一総合出版：106
(7) 唐沢孝一 2021「東京23区とその周辺におけるオオタカとツミの繁殖状況」『Urban Birds』38: 42-46
(8) 唐沢孝一・木所正明 2020「品川区立旗台小学校で繁殖したツミの給餌と幼鳥の捕食行動」『Urban Birds』37: 16-41
(9) 日本野鳥の会東京・研究部 2016『東京の野鳥たち――月例探鳥会7か所・20年間の記録』日本野鳥の会
(10) 板谷浩男 2020「多摩川流域におけるフクロウの生息地確認調査」東急財団
(11) 井上裕由 2021「東京区部のフクロウの観察」『Urban Birds』38: 62-75

（3）矢野亮 2009『カワセミの子育て――自然教育園での繁殖生態と保護飼育』地人書館：91-94
（4）NPO法人リトルターン・プロジェクトHP 2021「森ヶ崎営巣地におけるコアジサシの営巣状況―経年変化」
（5）松丸一郎・渡辺浩 2011「隣接するビルの屋上に集団を形成した東京不忍池のウミネコ」『Urban Birds』28: 27-44／松丸一郎他 2019「東京都心ビル街屋上でのウミネコの繁殖――営巣場所の移動と個体の行動範囲」『日本鳥学会2019年度大会講演要旨集』53

第5章

（1）日本鳥学会（目録編集委員会）編 2012『日本鳥類目録』（改訂第7版）：255-259
（2）高木憲太郎他 2014「八郎潟で越冬するミヤマガラスの渡り経路と繁殖地」『日本鳥学会誌』63(2)：317-322
（3）山部直喜 2021「越谷市のカラスの集団塒の個体数調査」『Urban Birds』38: 1
（4）「23区のごみ量推移（明治34年度～令和3年度）」東京二十三区清掃一部事務組合HP
（5）小島渉著、じゅえき太郎絵 2019『不思議だらけカブトムシ図鑑』彩図社：61-66
（6）小島渉著、じゅえき太郎絵 2019『不思議だらけカブトムシ図鑑』彩図社：102-105
（7）中村純夫 2000「高槻市におけるカラス2種の営巣環境の比較」『日本鳥学会誌』49(1)：39-50
（8）後藤三千代 2017『カラスと人の巣づくり協定』築地書館：26-29
（9）後藤三千代 2017『カラスと人の巣づくり協定』築地書館：113-120
（10）後藤三千代 2017『カラスと人の巣づくり協定』築地書館：57-60

第6章

（1）茂田良光 2007「ハヤブサとタカはどう違うか？」『BIRDER』2007年1月号：68-69
（2）ヘレン・マクドナルド著、宇丹貴代実訳 2017「都会のハヤブ

合研究所：36-40
（2）清水伸彦・姉崎智子 2021「胃石を持つ鳥・持たない鳥」『ぐんまの自然の「いま」を伝える報告会要旨集 2020年度』2-24
（3）吉安京子・森本元・千田万里子・仲村昇 2020「鳥類標識調査より得られた種別の生存期間一覧（1961−2017年における上位2記録について）」『山階鳥類学雑誌』52(1)：21-48
（4）阿部学 1969「カラフトスズメ *Passer montanus kaibaoi* Munsterhjelm の生態に関する研究」『林業試験場研究報告』220: 11-57
（5）唐沢孝一 1989『スズメのお宿は街のなか――都市鳥の適応戦略』中公新書：132-136
（6）唐沢孝一 2018『カラー版 目からウロコの自然観察』中公新書：140-142
（7）飯田知彦 2011『巣箱づくりから自然保護へ』創森社：75-78, 247
（8）大田保文 2020『スズメのケージ内繁殖とその発展』自費出版：1-106
（9）唐沢孝一 2004「ヒューストン空港建物内で生息するイエスズメ」『Urban Birds』21: 2-6
(10) 大田保文 2013「鳥と人間（31）スズメ、東京の銅像で繁殖」『富山教育』915: 74-77
(11) 内田博 1986「猛禽類の巣近くで繁殖する鳥について」『日本鳥学会誌』35(1)：25-32
(12) 唐沢孝一 1989『スズメのお宿は街のなか――都市鳥の適応戦略』中公新書：136-137
(13) 林哲 2010「沈黙のムラ――スズメの鳴かないムラ」『いしかわの自然と環境 えこナビ』9: 32-35

第4章
（1）福田道雄 1980「不忍池のカモ――カモの餌付けと飛来種の移り変わり」『世界の動物分類と飼育 ガンカモ目（サケビドリ科・ガンカモ科）』東京動物園協会：100-104
（2）毎日新聞社社会部・写真部編 1954『皇居に生きる武蔵野』毎日新聞社：30-35

社：56-59
(11) 松野下敏男・久子 2001「ふたたび、ツバメの集団餌場について」『Urban Birds』18: 25-34
(12) 多摩川流域ツバメ集団ねぐら調査連絡会 2008『多摩川流域ツバメ集団ねぐら調査報告』
(13) 出口智広・吉安京子・尾崎清明 2012「標識調査情報に基づいた2000年代と1960年代のツバメの渡り時期と繁殖状況の比較」『日本鳥学会誌』61(2): 273-282
(14) 金子凱彦著、佐藤信敏写真 2013『銀座のツバメ』学芸みらい社：118
(15) 越川重治 1995「千葉県におけるツバメの営巣環境と町並みの関係」『Urban Birds』12(2): 68-75
(16) 山根茂夫 1992「都市鳥研究会シンポジウム資料（9月20日、墨田産業会館）」
(17) 東京都杉並区立松ノ木中学校自然探求部 1987「減り続けるツバメ」『研究紀要』1-24
(18) 唐沢孝一 1996「成田山新勝寺周辺のツバメの高密度繁殖」『Urban Birds』13(2): 64-88
(19) 野鳥ボランティアツバメ営巣委員会 2012『世田谷区内ツバメ繁殖数調査報告書（2009〜2011)』世田谷トラストまちづくり
(20) 長谷川克著、森本元監修 2020『ツバメのひみつ』緑書房：95-99
(21) 越川重治 2021「ツバメの子殺し行動と雛への攻撃行動」『Urban Birds』38: 33-38
(22) 寺沢孝毅 2000『北海道　島の野鳥』北海道新聞社：125
(23) 神山和夫・平野敏明・黒田治男 2007「ツバメの橋下営巣への適応」日本鳥学会2007年度大会ポスター発表
(24) A. C. Bent 1942 *Life Histories of North American Flycatchers, Larks, Swallows and Their Allies*, Dover Publications
(25) Мальчевский А. С., Пукинский Ю. Б. “Птицы Ленинградской области и сопредельных территорий” Л.: Из-во Ленинградского университета 1983 г.

第3章

（1）中村一恵 1980「シナントロピズム」『自然の教室』出版科学総

注

第1章

（1）篠田謙一 2022『人類の起源——古代DNAが語るホモ・サピエンスの「大いなる旅」』中公新書
（2）高井和子著、風川恭子絵 1994『スズメが手にのった！』あかね書房
（3）岡田泰明・高木綏子 1986「明治初期の東京の鳥 C. A. M' Vean の報告（1877）から」『応用鳥学集報』6(1): 17-23
（4）粕谷和夫 2018「八王子・日野におけるイソヒヨドリの繁殖分布拡大の状況を探る（第2報）」『Urban Birds』35: 2-6
（5）田中淳夫 2020「ミツバチと生きる次の時代」『銀ばち通信』36

第2章

（1）大後美保 1958『日本の季節　第1　動物編』実業之日本社 : 57-60
（2）金子凱彦 2013『銀座のツバメ』学芸みらい社 : 24-26
（3）出口智広他 2015「日本に飛来する夏鳥の渡りおよび繁殖時期の長期変化」『日本鳥学会誌』64(1): 39-51
（4）出口智広他 2012「標識調査情報に基づいた2000年代と1960年代のツバメの渡り時期と繁殖状況の比較」『日本鳥学会誌』61(2): 273-282
（5）内田康夫 1976「越冬ツバメの謎を解く」『自然』31(10) : 60-68
（6）新井絵美・長谷川克・中村雅彦 2006「ツバメが離婚する理由」『日本動物行動学会発表要旨集』25: 61
（7）仁部富之助 1979「ツバメの夫婦」『野の鳥の生態1』大修館書店 : 3-16
（8）木下弘 2005「ツバメのお宿」『群馬の自然』135: 17-19
（9）唐沢孝一・山﨑秀雄 2019「糞分析によるツバメの雛の食性」『Urban Birds』36: 43-56
（10）福井亘 2008「みんなでカラスと戦う高田のツバメ」中村雅彦監修、上越鳥の会編著『雪国上越の鳥を見つめて』新潟日報事業

扉絵　唐沢　静
DTP・作図　市川真樹子

唐沢孝一（からさわ・こういち）

1943年群馬県生まれ．1966年，東京教育大学（現筑波大学）理学部卒業．都立高校の生物教師のかたわら，都市鳥研究会代表，日本鳥学会評議員・幹事等を歴任．現在，NPO 法人自然観察大学学長．野鳥をはじめ昆虫や植物の生態を研究するほか，自然観察会を主宰し講師をつとめる．

著書『カラスはどれほど賢いか』（中公新書，1988）
『スズメのお宿は街のなか』（中公新書，1989）
『江戸東京の自然を歩く』（中央公論新社，1999）
『よみがえった黒こげのイチョウ』（大日本図書，2001）
『唐沢流 自然観察の愉しみ方』（地人書館，2014）
『カラー版 目からウロコの自然観察』（中公新書，2018）
『カラー版 身近な鳥のすごい食生活』（イースト新書Q，2020）など

都会《とかい》の鳥《とり》の生態学《せいたいがく》
中公新書 *2759*

2023年 6 月25日発行

著　者　唐 沢 孝 一
発行者　安 部 順 一

本文印刷　三晃印刷
カバー印刷　大熊整美堂
製　　本　小泉製本

発行所　中央公論新社
〒100-8152
東京都千代田区大手町 1-7-1
電話　販売 03-5299-1730
　　　編集 03-5299-1830
URL https://www.chuko.co.jp/

Published by CHUOKORON-SHINSHA, INC.
Printed in Japan　ISBN978-4-12-102759-7 C1245

中公新書刊行のことば

いまからちょうど五世紀まえ、グーテンベルクが近代印刷術を発明したとき、書物の大量生産は潜在的可能性を獲得し、いまからちょうど一世紀まえ、世界のおもな文明国で義務教育制度が採用されたとき、書物の大量需要の潜在性が形成された。この二つの潜在性がはげしく現実化したのが現代である。

いまや、書物によって視野を拡大し、変りゆく世界に豊かに対応しようとする強い要求を私たちは抑えることができない。この要求にこたえる義務を、今日の書物は背負っている。だが、その義務は、たんに専門的知識の通俗化をはかることによって果たされるものでもなく、通俗的好奇心にうったえて、いたずらに発行部数の巨大さを誇ることによって果たされるものでもない。現代を真摯に生きようとする読者に、真に知るに価いする知識だけを選びだして提供すること、これが中公新書の最大の目標である。

私たちは、知識として錯覚しているものによってしばしば動かされ、裏切られる。私たちは、作為によってあたえられた知識のうえに生きることがあまりに多く、ゆるぎない事実を通して思索することがあまりにすくない。中公新書が、その一貫した特色として自らに課すものは、この事実のみの持つ無条件の説得力を発揮させることである。現代にあらたな意味を投げかけるべく待機している過去の歴史的事実もまた、中公新書によって数多く発掘されるであろう。

中公新書は、現代を自らの眼で見つめようとする、逞しい知的な読者の活力となることを欲している。

一九六二年一一月

中公新書

科学・技術

p1

中公新書

医学・医療

中公新書

自然・生物

s1